普通高等教育通识类课程精品系列

创新思维与技法训练

主　编　王　坤　汤新红　张　朋　孙晓丽
副主编　赵　辉　张诗铭　单江帆　霍艳凤
　　　　马利霞
参　编　流海平　王梦珊　仉　昕　张中秋

北京理工大学出版社
BEIJING INSTITUTE OF TECHNOLOGY PRESS

内容简介

本书是编写团队根据多年教学经验，在吸收、借鉴国内外同行先进教研成果的基础上编写而成的。全书内容分为理论篇与技法篇两大部分，理论篇主要讲述了创造学概述、创新思维与思维定式、形象思维和方向性思维；技法篇主要讲述了逻辑思维法、TRIZ 创新方法、常见的创新技法类型。书中通过典型案例、思维火花、思维训练、户外拓展、脑力激荡等环节，既可引导学生了解创新思维的基本概念和原理，掌握创新思维的培养方法和应用技巧，提高分析问题、解决问题的能力，增强创新意识；又有助于他们培养批判性思维和独立思考能力，增强自信心和创造力。

全书结构清晰，内容丰富，图文并茂，知识点由浅入深，有利于学生循序渐进地学习。可作为各级高校的创新创业课程教材，也可作为社会人士学习创新思维相关知识的参考用书。

版权专有　侵权必究

图书在版编目(CIP)数据

创新思维与技法训练／王坤等主编. --北京：北京理工大学出版社，2024.1

ISBN 978-7-5763-3492-0

Ⅰ.①创… Ⅱ.①王… Ⅲ.①创造性思维-高等学校-教材 Ⅳ.①B804.4

中国国家版本馆 CIP 数据核字(2024)第 038079 号

责任编辑：李　薇　　**文案编辑**：李　硕
责任校对：刘亚男　　**责任印制**：李志强

出版发行 ／ 北京理工大学出版社有限责任公司
　社　　址 ／ 北京市丰台区四合庄路 6 号
　邮　　编 ／ 100070
　电　　话 ／ (010) 68914026（教材售后服务热线）
　　　　　　 (010) 68944437（课件资源服务热线）
　网　　址 ／ http://www.bitpress.com.cn
　版 印 次 ／ 2024 年 1 月第 1 版第 1 次印刷
　印　　刷 ／ 涿州市新华印刷有限公司
　开　　本 ／ 787 mm×1092 mm　1/16
　印　　张 ／ 11.5
　字　　数 ／ 270 千字
　定　　价 ／ 36.00 元

图书出现印装质量问题，请拨打售后服务热线，负责调换

前　言

党的二十大报告指出："必须坚持科技是第一生产力、人才是第一资源、创新是第一动力，深入实施科教兴国战略、人才强国战略、创新驱动发展战略，开辟发展新领域新赛道，不断塑造发展新动能新优势。"由此可见坚持创新在我国现代化建设全局中的核心地位。创新才能把握时代、引领时代，紧跟时代步伐，顺应时代发展。创新依靠人才，而人才培养来自教育。面对世界百年未有之大变局，高校肩负着培育创新文化，营造创新氛围，培养具备创新思维、创新意识和创新能力的人才的重任。

本书是一部适合高等院校开展创新思维训练、培养学生创新意识的教科书。青岛滨海学院于 2008 年首次面向所有本科专业开设必修课程创新思维；2014 年由该校吕丽、流海平、顾永静主编《创新思维——原理、技法、实训》教材；2018 年进行修订，由北京理工大学出版社出版，该书为普通高等院校创新创业教育系列规划教材。

2023 年，我们再次对该教材进行修订。本次修订根据编写团队多年的教学实践经验，在吸收、借鉴国内外同行先进教研成果的基础上，充分考虑对学生创新意识培养的实用性，整合了创新思维理论和创新技法的相关内容。全书通过典型案例、思维火花、思维训练、户外拓展、脑力激荡等环节，力求引导学生了解创新思维的基本概念和原理，掌握创新思维的培养方法和应用技巧，提高分析问题、解决问题的能力，增强创新意识，培养批判性思维和独立思考能力，增强自信心和创造力。

参与本次编写工作的有青岛滨海学院王坤、汤新红、张朋、孙晓丽、赵辉、张诗铭、单江帆、霍艳凤、马利霞、流海平、王梦珊、仇昕、张中秋。本教材在编写过程中，参考了大量文献资料、经典案例，因人事变动、资料更替或网络材料等情况，部分资料的提供者和书写者无法一一联系，在此一并表示感谢。

因编者水平有限，视野难全，书中不当之处在所难免，敬请各位读者、同仁加以批评指正，并为该书再次修订提出宝贵建议。

编　者
2023 年 10 月

目 录

理论篇

第一章　创造学概述 (003)
　　第一节　创造及创造学 (003)
　　第二节　创造力的理论 (007)
　　第三节　认识创新 (018)

第二章　创新思维与思维定式 (026)
　　第一节　思维与创新思维 (026)
　　第二节　思维定式 (033)

第三章　形象思维 (038)
　　第一节　联想思维 (038)
　　第二节　想象思维 (043)
　　第三节　灵感思维 (050)
　　第四节　直觉思维 (057)

第四章　方向性思维 (064)
　　第一节　发散思维与收敛思维 (064)
　　第二节　正向思维与逆向思维 (070)
　　第三节　线性思维、平面思维和立体思维 (078)

技法篇

第五章　逻辑思维法 (091)
　　第一节　概念分析 (091)
　　第二节　逻辑推理 (094)

第六章　TRIZ 创新方法 ……………………………………………………（106）

 第一节　TRIZ 概述 …………………………………………………（106）
 第二节　古典 TRIZ 理论基础 ………………………………………（108）
 第三节　TRIZ 常用求解工具 ………………………………………（113）
 第四节　克服思维惯性的 TRIZ 方法 ………………………………（128）

第七章　常见的创新技法类型 ……………………………………………（138）

 第一节　智力激励型创新方法 ………………………………………（138）
 第二节　设问型创新方法 ……………………………………………（142）
 第三节　列举型创新方法 ……………………………………………（148）
 第四节　类比型创新方法 ……………………………………………（157）
 第五节　组分型创新方法 ……………………………………………（165）
 第六节　其他常用创新技法 …………………………………………（170）

参考文献 ……………………………………………………………………（178）

理论篇

第一章 创造学概述

信息时代对创新、创造的重视程度日益突出,"创新""创造"被提及的频率越来越高,创造与创新已经成为当今社会和时代发展最强音符。因此,青年学生步入大学学习,除了学习科学文化知识外,还要具备创新能力。科学真理在于创造,创造奥秘来自思维,思维本质在于激发我们的大脑思考、创造。历史和现实表明,唯创新者进,唯创新者强,唯创新者胜。本章围绕了解创造及创造学、创造力理论和认识创新三个层面的内容进行讲述。

第一节 创造及创造学

一、创造内涵

(一)创造的内涵

创造是人类思维活动的过程,也是思维的结果,是人们在生产实践基础上根据已知信息产生的某些独特或新颖观点,能够服务社会或个体的具有价值的产品或思维成果的展示。

创造思维具备以下特征:

(1) 创造思维体现新颖性和独特性,其创造的产品或服务模式具备"与众不同"的功能或外观。

(2) 创造思维必须有创新主体(或者创造者)在现有条件下的思维超越、更新,或影响到现有经营产品等结果的改变的过程。

(3) 创造思维导出的活动具备原创性。

(4) 创造思维要体现正能量,具有较高社会价值或前瞻性,或对个体思维有积极影响。

> **思维火花**
>
> 2023年5月青岛地铁6号线官宣，到年底空载试运营，目前处于紧张的铺轨施工阶段。该过程体现不少创造活动，比如轨道板提前预知；14个作业面同时施工；新能源轨道车减少碳排放污染；采用机铺+散铺相结合方式，最大限度减少用工，提高效率克服对地上的影响。在各项工作环节中体现安全、高效、节能、优质、绿色、智慧与和谐。

（二）创造要素

创造要素包括四个方面：创造主体（可以是组织，也可以是个体）；创造客体（创造对象）；创造活动（体现过程）；创造环境（特有场景）。其中，创造主体在创造过程中起到主导作用，是整个创造过程推动的主力，在创造活动中扮演"引擎"角色。创造客体是被创造的对象。创造环境就是创造主体在推进创新思维活动或创造活动的特定条件下的时空组合场景。创造能力是创造主体的外在表现，以创新思维为核心，要求创造主体具备敏锐观察力、丰富想象力、较强业务水平和持续不断的学习能力。不同教育层次、文化水平和社会阅历背景的人，其创造能力有强弱之分。"慧眼识珠"的人有较强观察力，善于将奇异想法转化成新成果。

> **典型案例**
>
> **阿里巴巴商业模式**
>
> 作为全球领先的B2B商业模式公司，阿里巴巴带动了一大批中小企业的发展，为中国网络经济树立了一面旗帜。无论是在资本运作还是经营管理上，阿里巴巴无疑是胜利的。首先，阿里巴巴解决了诚信问题，这种方式促成了诚信至上对于互联网业务认可的意义；其次，可以解决支付难题。阿里巴巴建立与银行的合作关系，同时推出本公司支付宝业务系统。另外，它还有其他增值服务。阿里巴巴本着"让天下没有难做的生意"的理念，不断改造优化旗下的网络平台，比如淘宝、天猫等，使之成为全球最大的商务沟通社区和网上交易市场。目前，阿里巴巴的业务领域分布在商业、信息和资金等诸多方面，它以其特有全产业量互补的电子商务模式，得到消费者的青睐和合作企业的好评，从而使全球业务空间拓展最大化。
>
> （资料来源：https://wenku.so.com/d/d9708baca907978f14748d2d5237b624）
>
> 讨论：商业理念是不是一种创造活动？

二、创造学及其发展

（一）创造学的含义

人类历史尽管在地球上只有几百万年，但是人类能生生不息不断繁衍，追求人类认知和社会生产活动的不断进步，其推动因素就是人类的创造性思维。创造学是对人类创造能力、创造发明的过程、方法及其规律进行深入研究的一门学科。它包含了心理学、历史学、工程学、辩证法、哲学、思维学、脑科学、逻辑学、行为科学、教育学、组织行为学等学科的相关知识，是一门综合性较强的应用学科。

著名学者亚历克斯·奥斯本1941年出版的《思维的方法》，首次论述了创造发明的思路与方法，这应该是创造学产生的理论发源地。

因此，创造学可以定义为，"创造学是以创造主体推动，把创造作为研究对象，在创造过程中研究创造规律和方法、路径及价值应用的科学"。创造学以创造发明为研究对象，是人类创造发明的思维和实践经验的总结。

（二）创造学研究对象

创造学研究对象包括创造主体、创造客体、创造过程、创造手段、创造环境及创造评价等诸多方面。

1. 创造主体

创造主体就是创造者。创造主体作为创造学研究起点，是引发创造活动的主要推动者。创造学要研究创造者在创造过程中的动机、思维、性格诸方面特征，研究创造者相关素质对创造的影响，试图寻求有利于创造主体的条件。一般来说，创造主体要经历五个阶段：问题发现—问题困惑—新设想推出—新设想验证—成果固化。

2. 创造客体

创造客体就是创造的对象。某一个产品的突破、思维的创新、模式的超越等，都属于创造客体。创造对象一经确定，会影响创造主体和创造手段。例如，大学老师申报某一领域的课题研究，课题研究所框的范围经过选择就要在研究期间作为研究对象固定下来。

3. 创造过程

创造过程是指创造主体在未取得创造成果前的思考、研究和推论的过程，一般包括困境、动机、酝酿、验证、发展直到结果形成的全部过程。比如大学生参加"互联网+"大赛，学生在参与前，经过思考，形成思路，针对社会某些产品困境或"空白"点，产生突破旧模式的思维动机，然后在思考—行动—再思考中形成课题的"结果"，这个过程就是思维不断突破的过程。创造学以个别现象研究入手，通过归纳演绎寻求个体创造过程的共同规律。

4. 创造手段

创造手段包含硬手段和软手段。硬手段是指用于实现创造过程中所具备的环境和支持的工具，包括仪器、设备、材料、经费等；软手段是指创造主体形成创意和方案的科学思考方法。创造是以脑力劳动为主的实践活动，因此，在创造过程中，创造手段重在关注软手段。我们平时所讲的"方法总比困难多"，在于创造手段丰富和完善中人的能动性思考的发挥过程。

5. 创造环境

创造主体在一定的客观背景下表现自己的创造行为，并受到某种背景的影响，这种背景就是创造环境。宏观环境是指一系列巨大的社会力量和因素，主要包含人口、经济、政

治法律、科学技术、社会文化、自然生态和竞争环境七大因素，这是创造主体没有办法改变或控制的。微观环境指个体直接交往范围内，对其产生直接影响的人际关系和生活条件、生活环境的总和，包括家庭、街坊、邻居等社会生活的基本单位和小型社区。微观环境具有多样性、特定性和相对独立性的特点。

6. 创造评价

创造评价主要是指对创造力的评价。创造学要研究对创造力的测定、评估、对比等内容。在评价活动中可以通过结果强化来改变主体对创造活动的激情，或是持续发展，或是戛然而止。通过评价活动，可以向社会反馈创造活动的价值评估，从而推动社会发展和进步。

20世纪80年代中期，我国引入创造学，其后相继成立了各类与创造相关的组织或团体，比如发明协会、创造学会等，并与国际相关协会、组织开展学术交流，表现出强劲的发展势头。

通过不同国家和地区的创造学研究推动，创造学已经广泛应用于政治、经济、军事、科学、教育、文化等各个领域。创造学理论体系的建立、发展、利用，以及世界创造学学术组织的建立，标志着创造学已成为一门成熟的行为科学。

（三）创造学学科概况

创造学是在若干门类的自然科学、社会科学与哲学的基础上建立起来的综合性学科。创造学属于软科学范畴的行为管理科学，它与社会学、教育学、心理学、数学、物理学、化学、生物科学、医学、历史学、思维科学、控制论、系统论、信息论、哲学等学科密切相关。创造学为多个领域交叉并行的应用型学科。

根据创造学研究的内容划分，可分为创造心理学、创造思维学、创造工程学、创造教育学；根据创造与实践的关系划分，可分为理论创造学和实用创造学；从广义上划分，分类名称繁多。

创新思维和创造过程始终具备万事万物的催生共促的作用，技术发展的灵魂是创新，技术发明是推动人类社会进步的动力。今天这些生活模式的改变都要感谢每个时代伟大的发明家，他们的发明让我们的生活不断进步，那么世界上最伟大的发明有哪些呢？以下便是其中的一些有代表性的发明：

（1）电灯。

美国发明家爱迪生发明了电灯，它让煤油灯退出了历史舞台，给人类带来夜间的光亮，推动了人类社会文明进步。

（2）轮子。

中国古代战场上出现了木头轮子，在工业革命期间，西方有了为汽车运营的橡胶轮子。今天航空发动机涡轮运转的轮子可以把卫星送到几万公里外的星球，开始了人类更远距离的创造探索。轮子的发明让整个世界运动效率提高了。

（3）指南针。

指南针是中国古代的四大发明之一，它对科学技术发展和人类文明进步起了不可估量的作用，指南针发明了，造船技术提高了，才有航海家的野心冲动，促进地球上资源空间布局的创新思维。

（4）印刷术。

印刷术也是中国劳动人民创造成果的智慧结晶。毕昇发明的活字印刷术大大提高了印刷速度，催生了各种书籍的出现，为人类知识传播和交流创造了条件。

（5）内燃机。

活塞式内燃机起源于荷兰物理学家惠更斯用火药爆炸获取动力的研究，但惠更斯没有成功。19世纪80年代左右，又有很多学者和工程师相继参与了内燃机概念提出、结构设计及试验，最终内燃机产品不断完善。内燃机的发明让人类的生产力得到了空前的提升，也让世界进入了工业化时代。

（6）电话。

电话的发明彻底颠覆了人类的通信方式，让人和人之间以及世界之间的交流和沟通变得更加便利和畅通。

（7）汽车。

卡尔·本茨于1885年发明了世界上第一辆汽车，后来人们对汽车不断改进，才有了各种品牌和款式的汽车。汽车是迄今人类最主要的陆上交通工具。

（8）蒸汽机。

英国人瓦特发明了蒸汽机，使人类进入了"蒸汽时代"，这对推动火车、汽车发展起到重要作用。

（9）计算机。

美国籍匈牙利裔科学家冯·诺依曼（John Von Neumann）发明了电子计算机，被誉为"电子计算机之父"。计算机被认为是20世纪最先进的科学技术发明之一，对人类生产、生活产生了很大影响。如今，计算机升级换代，与网络等提升了新世纪的认知高度。

（10）互联网。

互联网由美国的企业家和科学家发明。互联网的存在让世界变得触手可及，人类生活变得更加方便，使经济、通信、娱乐等各方面都产生了巨大的变化。

第二节　创造力的理论

一、创造力及其构成

（一）创造力

创造力是指个体产生新思想，发现和创造新事物的能力，它是成功完成某种创造性活动所必需的心理品质、思维创新能力的表现，是人类特有的一种综合性本领。创造力是创造者在创造过程中表现出的特殊能力，它受到知识、智力、能力及优良个性品质等因素影响。真正的创造活动总是给社会产生有价值的成果，人类文明史实质是创造力实现结果的历史。不同的创造者在同样环境条件下表现出不同创造力，同一创造者在不同环境条件下表现出不同的创造力。

创造力是教育、培养和实践的结果。创造力是指产生新颖而有用的想法的能力。有学者认为，创造力三要素模型包括：专业知识、创造性的思维技能和内在任务动机。创造力包括创造潜力和创造能力两部分。

国家对青年创新创造活动寄予厚望。青年人是全社会最富有活力、最具有创造性的群体，也是推动创新发展的生力军。我国广大青年要坚定理想信念，培育高尚品格，练就过硬本领，勇于创新创造，立志艰苦奋斗，与亿万人民一道在创新与奋斗中谱写新时代的青春之歌。社会各界要为青年铺路搭桥，提供更大的发展空间，支持青年在创新创业奋斗的道路上留下灿烂夺目的华章。

思维火花

五百米口径球面射电望远镜简称 FAST，是世界上最大的单口径射电望远镜。它由主动反射面、馈源支撑、测量和控制、接收机和终端等系统组成。从提出概念到建造完成历时 22 年，是完全拥有自主知识产权的国家重大科技基础设施，是国之重器。FAST 是由中国科学院国家天文台主导建设，具有我国自主知识产权、世界最大单口径、最灵敏的射电望远镜。截至 2019 年 8 月 28 日，FAST 已发现 132 颗优质的脉冲星候选体，其中有 93 颗被确认为新发现的脉冲星。2020 年 1 月 11 日，500 米口径球面射电望远镜通过国家验收，投入正式运行，如图 1-1、图 1-2 所示。

图 1-1 FAST

图 1-2 望远镜"工作"中

有学者认为，创造力三要素模型包括专业知识、创造性的思维技能和内在任务动机。创造力包括创造潜能和创造能力两部分。

(1) 创造潜能。创造潜能是隐性创造力，是每个人头脑中都具有的自然属性。创造潜能具备先天性，是人类长期进化过程中随大脑进化所产生的自然结果。这种创造潜力无法直接测量，美国著名心理学家麦克利兰于 1973 年提出冰山模型理论，而"冰山"潜藏于水中的部分就是潜能的禀赋来源，它可通过教育开发出来而成为创造能力。

(2) 创造能力。创造能力是指创造主体在特定或理想环境中通过一定活动而获得新颖成果的能力。理想环境是对创造主体在创作中不会产生任何负面作用，具有"万事如意"的假想"顺境"。事实上，任何创造活动都不是一帆风顺的，总会有程度不同的"逆境"存在。个体顺应环境或改造环境的能力，也应该包括在创造能力之中。兴趣、毅力、意志、抗风险能力是个体在逆境时必须具备的素质。

(二) 创造力构成

关于创造能力构成要素，不同学者有不同表述，但对其基本构成要素的认知是一致的。创造能力构成要素包含专业知识技能、思维创造技能和创造倾向三方面。

（1）专业知识技能。专业知识技能可以理解为个体解决某个特定问题或从事某项特定工作应该具备的知识储备和知识体系。个体拥有某方面的知识是进行创造的前提，掌握专业技术、实际操作技术，积累经验，扩大知识面、运用掌握的知识分析问题等，是创造力的基础，任何创作都离不开知识的积累。丰富的知识积累更有利于提出创造性设想，并有利于创造方案的实施与检验。比如，广告文案设计，没有丰富的知识铺垫，优秀文案创作只能是小概率事件。专业知识技能主要指具备相关领域知识，如理论认知、原理掌握、学术积累、设计经验、标准制定等。

（2）思维创造技能。个体是否具有思维创造技能，决定着其行为或思维成果的"新颖"状态或思维反应水平。创造性思维是一种具有开创意义的思维活动，即是开拓人类认识新领域，开创人类认识新成果的思维活动，它往往表现为发明新技术、形成新观念、提出新方案、创建新理论。个体培养思维创造技能，可利用创造性思维训练，产生新观念、新知识，助推创造性思维的工作风格等。

（3）创造倾向。创造倾向是个体对事物存续变化的探知，这是创造力不可或缺的心理保障。创造倾向是发展创造力的动力和潜力。个体创造倾向越强，其发展创造力的意愿也就越强，且发展创造力的基础条件也就越好。对于经过了学习和实践的成年人而言，很强的创造倾向就意味着他们已经具备很强的创造力。而对于儿童而言，高水平的创造倾向预示着他们具有开发高水平创造力的天赋和资源。创造倾向有四个重要因素：冒险精神、好奇心、想象力、挑战精神。

诚然，创造力除上述三个因素外还可能包括其他因素，如驱动力、自信心、进取心、求知欲、独立思考精神、智慧勤奋、优秀品质等。这些要素相互作用、相互影响，最终决定了个体创造力水平。

二、创造力的 4P 理论

（一）创造力 4P 理论内容

创造力研究理论发源于 20 世纪的美国，吉尔福特（J. P. Guilford）是创造力研究第一人，后来罗德斯（M. Rhodes）提出创造力 4P 模型。4P 模型把创造力研究分为创造者、创造过程、创造产品和创造环境四个方面。这被称为创造力 4P 理论。其关系如图 1-3 所示。

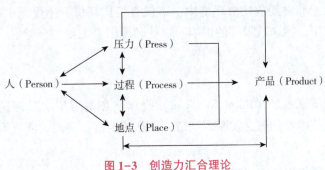

图 1-3　创造力汇合理论

1. 创造者

创造者是发起创造活动，为创造活动注入生机与活力，并为创造承担风险且享受成果的组织和个体。创造者需要具备某些禀赋，比如喜欢挑战，有自信，独立性强，兴趣涉猎广泛等。

2. 创造过程

创造过程是创造主体针对创造客体的需要，利用相关方法和路径加工的状态，是体现创造的思维和行动的过程。创造物只有经过创造过程，才能生成有别于旧的物品或思维的结果。换言之，新生事物在参与创造者的思维劳动，经过一定程序，通过一定轨道，花费一定时间和精力后，才能最终形成。人类对月球、火星等探测活动就是人类思维认知的过程。

3. 创造产品

现代营销学之父菲利普·科特勒对"产品"下了一个定义。他认为，产品是市场上任何可以让人注意、获取、使用或能够满足某种消费需求和欲望的东西。从产品角度描述创造力，是指具有创造力的产品，它一般具有以下特征：

（1）独特性：寻求市场或消费需求者的空白点；
（2）新颖性：寻求产品的可比性；
（3）精细性：寻求市场卖点的准确性，以及因产品精益求精引起消费者忠诚度；
（4）科学性：寻求产品运用的科学理论或原理，符合人的科学需求；
（5）完美性：寻求产品功能齐全，体现产品宽度和深度的完美匹配；
（6）适宜性：寻求产品物美价廉，有实际经济价值。

在创造产品或成果方面，研究者主要关注创造成果，表现为创造力原始想法、推进思维的动力、思维的成果体现等表现特性。

4. 创造环境

任何事物发生、发展、成长和老化都离不开环境条件。创造力需要创造环境，良好的社会环境能够激发人们去进行社会的创造。据统计，环境与创造力关系密切，个体在创造过程中，创造主体占据60%~70%的因素，其余就是环境因素。环境因素包括社会生态、行业标准、专家队伍、产品思维、特定圈子等。创造环境包括社会组织结构、环境氛围、激励方式、财政税收制度、工作环境、工作与生活环境匹配度等。

环境支持对创造力的影响研究都集中在工作环境是否能够匹配或优化上。工作中，对创造力的支持就是员工能感受到组织对其独立工作、追求新想法的支持程度。因为个体的创造性思维活动处于非常复杂社会环境中，不仅有工作环境，还受到上级、同事和客户，以及家庭、社会氛围、国家政策等的影响。这些环境因素需要综合考虑，以极力营造便利的创造环境。

（二）"创造五层次"理论

美国创造心理学家泰勒（Ralph W. Tyler）提出"创造五层次"理论。他主张将创造分为表露式创造、技术性创造、发明式创造、革新式创造、突现式创造等五个层次。

1. 表露式创造

表露式创造，是指个体即兴而发却有某种创意的行为表现。这类创造在社会生活中很常见，对我们的日常生活很重要。

儿童在幼儿园的涂鸦式绘画，相声演员的笑剧对话等，都是表露式创造。比如，杜甫在下雪天路过达官贵人家门看到衣服褴褛的乞讨者，与富贵人家的酒肉飘香产生巨大落差，触景生情写下"朱门酒肉臭，路有冻死骨"的诗句，这属于诗人的表露式创造。当我们读着诗人这些不朽的作品时，常感到心灵上的满足。当我们欣赏戏剧小品而由衷地微笑时，我们会赞叹编剧、演员的想象力和创造力。

2. 技术性创造

技术性创造是指创造主体运用一定的科技原理和思维技巧，产生某种思维或对原有的电子产品、工艺流程进行的创造活动。这些活动可以解决现实的问题或对未来产生良好效益。

> **思维火花**
>
> 华为折叠手机。
>
> 华为近期推出一款折叠屏新机——华为 Pokcet S，具有超强思维创造性。
>
> ①颜值高，华为 Pokcet S 外观上吸引人，延续了粉饼盒设计，轻便小巧，纵向折叠后便于随身携带。耐用性强，采用业界首创多维联动升降水滴铰链，设计更精密，通过40万次折叠测试，持久耐用。
>
> ②影像出色，搭载了4 000万像素超感知主摄像头以及 XD Fusion Pro 颜色引擎，性能和颜值值得托付。
>
> ③功能丰富，保留了圆形外屏的设计，便利信息搜索推送通知、天气、电话等等，使用更加省心。华为折叠手机如图1-4所示。
>
> 智能扫地机器人。
>
> 为适应"不愿意经常打扫卫生"群体之需，智能机器人应运而生。它的优点：简单好用；清洁高效；全自动清扫；APP 操控；良好识别功能；不会抱怨，有电就干活。智能扫地机器人如图1-5所示。
>
>
>
> 图1-4　华为折叠手机　　　　　图1-5　智能扫地机器人

3. 发明式创造

发明式的创造指在已有的事物基础上，产生与以往有过的事物全然不同的新事物的创

造或者思维模式的新突破。

例如：屠呦呦和她的团队通过多年研究，从青蒿素中提取创制了新型抗疟疾药——青蒿素和双氢青蒿素。袁隆平创造了高产杂交水稻等。中国的飞机、航天发射器、天眼天文望远镜等都是此类创造。

中国人民在过去的千年历史中，有数不清的发明式创造，它们的出现对推动人类文明发展起到了重要的作用，表1-1所示的只是其中的一部分。

表1-1　公元1000年至今重要的18项技术发明

序号	年代	内容	说明
1	11世纪	走马灯	中国人发明走马灯，有叶轮、燃烛或灯，热气上升带动叶轮旋转
2	北宋天圣元年（1023年）	纸币	"交子"开始发行
3	1835	电报机	莫尔斯发明电报和电报机
4	1867	炸药	诺贝尔的发明
5	1876	电话	贝尔的发明
6	1903	飞机	莱特兄弟在北卡罗来纳海滩的飞行
7	1928	青霉素	苏格兰医生亚历山大·弗莱明发现，他后来以此获得诺贝尔医学奖
8	1939	电脑	IBM公司的产品
9	1964	中国原子弹	1964年10中国首枚成功
10	1966	哥德巴赫猜想	1966年，陈景润证明了"1+2"
11	2011	蛟龙号	2011年在东北太平洋海域进行海试
12	2015	青蒿素	屠呦呦提取青蒿素应用于疟疾治疗
13	2016	墨子号	我国首颗量子卫星"墨子号"成功发射
14	2018	中国天眼	国家验收成功巨型望远镜
15	2018	中国和谐号动车	时速超过380千米/小时
16	2020	港珠澳大桥	全世界最长，连接三地的跨海大桥

4. 革新式创造

革新式创造表现为对已有理论、产品的创新，以及增加了新的理念的新内容或新兴产品。它是在否定之否定中完成对旧事物或陈观念的剥离，并创造出新事物或提出新观念。今天我们生活在互联网时代，除旧布新、与时俱进就需要革新，需要勇于创新创造。

例如：蒸汽机的发明，推动了西方社会的工业革命。

5. 突现式创造

突现式创造是指创造主体在灵感瞬间闪现时的思维创造，能对原有事物或产品产生飞跃式改变。例如：居里夫人发现了钋和镭，获得诺贝尔物理学奖。

（三）创造力测量办法

创造力的测量是个非常复杂的流程，因为人们的创造力既与科学兴趣、心理状态、知识结构有关，又与人的性格有关，要做出客观而准确的测量十分不易。可以从不同角度进行测量，最后对测量结果进行综合分析。

创造力测量方法主要有三种：

（1）测验法。测验法包括人格测验法、个案调查法和行为测验法等。人格测验法是通过受试者回答问题来判定受试者的心理特点和创造力。采用"创造个性量表"可确定创造力高低。个案调查者是通过受试者的童年生活、突出经历和兴趣习惯来进行判断。行为测验法是通过解题操作和语言测验来判定思维的流畅性、灵活性、创新性和独创性。

（2）作品分析法。该法主要通过作品成果的多少和引用率统计分析来确定作者的创造力。其结果比较可靠，但不能对人的创造力作出早期预测。

（3）参观评估法。由一组专家、学者对受试者的创造个性和作品的创造性进行评估。由于创造性是个模糊概念，参与评估的人也因知识差异和理解能力不同有不同的评估结果，因此结论具有主观性。上述各类方法都有其局限性，应对三种测量结果作出综合分析评价。

例如：青少年创造能力的评估方法。

首先观察孩子的行为举止。孩子的创造能力表现在他们的行为举止中，通过观察孩子的行为，我们可以初步了解孩子的创造能力。比如，孩子喜欢自己动手制作一些小玩具或者画一幅画，表明孩子有一定的创造力。

其次是用测验法初步测验孩子的创造能力。可以通过一些测验来评估孩子的创造能力，如托兰斯创造力测验、图形延伸测验、任务完成测验等。这些测验通过给孩子一些任务或者问题，观察他们的反应来了解他们的创造能力。但是，需要注意的是，这些测验只是初步了解孩子的创造力水平，不能作为判断孩子创造能力的唯一标准。

然后是观察孩子的语言表达。孩子语言表达中也能反映他们的创造能力。比如，孩子是否喜欢发表一些自己的见解，是否具有一定的想象力，等等。观察孩子的语言表达可以更加全面地了解他们的创造能力。

最后是评估孩子的作品。孩子的作品也是评估他们创造能力的重要标准之一。比如，孩子写生作品是否具有独特的风格，是否能够自己设计一些小玩具，等等。通过观察孩子的作品，可以更加具体地了解他们的创造能力与水平。

总之，孩子的创造能力评估需要从多个角度进行观察和考察，不能仅仅依靠一种方法来评估。只有全面了解孩子的创造能力水平，才能更好地为他们的成长和发展提供帮助。

（四）创造力测量表

威廉斯创造力倾向测量表，通过测验被测试者的一些性格特征包括欲望、冒险、好奇、想象力及挑战度，从而判定被测试者的创造性倾向。该表可用来发现创造性强的个体。调查发现：高创造力的个体对创造性工作有兴趣，成功概率高；低创造力的个体因缺乏灵活度，更适合常规型工作。高创造性个体通常被认为具有情感特质：想象流畅、灵活、不死板，充满敏感性，缺乏心理防御，主动承认错误，家庭成员关系密切等。

尤金·劳德塞创造力测试也是创造力常用测试之一。该测试由美国心理学家尤金·劳德塞设计，测评适用对象为成年人。

考核测试：测试题目共计 50 个。被测试者在每一道题后面根据本人具体情形进行选择，若认可，则选 A；若不认可，选 C；若不清楚或介于认可与不认可中间，选 B。回答必须明确且符合个人实际。调查时间为 10 分钟左右。

（1）做事总是有的放矢，有针对性，会用正确方法和步骤解决具体问题。

（2）"只提出问题而不想获得答案，无疑是浪费时间"的观点是对的。

（3）无论什么事情，要我发生兴趣，总比别人困难。

（4）合乎逻辑、循序渐进的方法，才是解决问题的最好方法。

（5）我在组织中发表想法，偶尔被其他成员厌烦。

（6）我花大量时间来考虑别人是怎样看我的。

（7）只要是正确的事情，不必在意获得他人的赞同。

（8）我不尊重那些做事似乎没有把握的人。

（9）我需要的刺激和兴趣比别人多。

（10）在考验面前，我知道如何保持内心平静。

（11）我有毅力，可以坚持较长时间解决难题。

（12）我有时对事情过于热心。

（13）在悠闲的时刻，我会常常想出好主意。

（14）我常常单凭直觉来判断所解决问题的"正确"或"错误"。

（15）在解决问题时，比起收集资料，我更擅长分析问题。

（16）我有时会打破常规去做过去并未想到要做的事。

（17）我有收集东西的癖好。

（18）幻想促使我提出许多重要的计划。

（19）我喜欢客观而有理性的人。

（20）面对本职工作之外的两种职业，若必选一种，我更愿做实际工作，不愿选择当探索者。

（21）我有能力做到与同事或同行们友好相处。

（22）我有较高的审美感。

（23）我在一生中始终追求名利和地位。

（24）我喜欢那些坚信自己结论的人。

（25）灵感与成功无关。

（26）为了与不同于我的观点的人变成朋友，我可以放弃原有的观点。

（27）我对于提出新建议的兴趣，远远大于设法说服别人接受。

（28）我乐意为了问题"深思熟虑"而独处。

（29）我会巧妙逃避对我来说没有"面子"的工作。

（30）在评价资料时，我认为资料来源比内容重要。

（31）我不满意那些不确定和无法预料的事。

（32）我喜欢一味苦干的人。

（33）我认为个人的自尊要比获得别人敬慕重要。

（34）我不认为追求完美的人很明智。

（35）我宁愿和大家一起工作，而不愿意单独工作。

（36）我喜欢从事对别人有影响的工作。

（37）碰到生活中的问题，我认为不能采取"正确"或"错误"一边倒的方式对问题加以判断。

（38）对我来说，"各得其所""各在其位"是很重要的。

（39）我认为利用生僻辞藻的作家纯粹是为了炫耀自己。

（40）许多人感到苦恼的原因，是他们把事情看得太认真了。

（41）即便遇到刀山火海，我仍能保持原有精神状态和热情从事工作。

（42）想入非非的人是不切实际的。

（43）相对而言，"我不知道的事"与"我知道的事"，我总能对前者记忆犹新。

（44）我对"可能是什么"比"这是什么"更感兴趣。

（45）我经常为自己"刀子嘴豆腐心"的表达行为让人不高兴而感到闷闷不乐。

（46）我乐意为新颖的想法付出大量时间探索，不在乎回报。

（47）对"出主意没什么了不起"的说法，我持中立立场。

（48）我讨厌提出那种显得无知的问题。

（49）我一旦承诺任务，即便遇到挫折，也要坚决完成。

（50）从下面列举词项中挑选10个可以说明你性格的词：

不拘礼节　精神饱满　说服力强　实事求是　虚心　观察敏锐　行为谨慎　思路清晰　拘于形式　束手无策　足智多谋　自高自大　有主见　有奉献精神　有独创性　不屈不挠　性急　乐于助人　克制力强　有朝气　铁石心肠　喜欢预言　理解力强　脾气温和　严于律己　感觉灵敏　一丝不苟　漫不经心　渴求知识　高效　坚强　泰然自若　热情　有组织力　易动感情　好交际　讲实惠　严格　复杂　创新　好奇　实干的孤独　老练　自信的　机灵的　时髦的　有远见　不满足　精干　无畏　谦逊　柔顺　善良　细腻　粗犷　重情感　讲原则　随意

参考答案及评分标准，如表1-2所示。最终得分及反馈情况，如表1-3所示。

表1-2　参考答案及评分标准

题号	选项对应得分		
	A／分	B／分	C／分
1	0	1	2
2	0	1	2
3	4	1	0
4	-2	1	3
5	2	1	0

续表

题号	选项对应得分		
	A／分	B／分	C／分
6	-1	0	3
7	3	0	-1
8	0	1	2
9	3	0	-1
10	1	0	3
11	4	1	0
12	3	0	-1
13	2	1	0
14	4	0	-2
15	-1	0	2
16	2	1	0
17	0	1	2
18	3	0	-1
19	0	1	2
20	0	1	2
21	0	1	2
22	3	0	-1
23	0	1	2
24	-1	0	2
25	0	1	3
26	-1	0	2
27	2	1	0
28	2	0	-1
29	0	1	2
30	-1	0	3
31	0	1	2
32	0	1	2
33	3	0	1
34	-1	0	2
35	0	1	2
36	1	2	3

续表

题号	选项对应得分		
	A／分	B／分	C／分
37	2	1	0
38	0	1	2
39	-1	0	2
40	2	1	0
41	3	1	0
42	-1	0	2
43	2	1	0
44	2	1	0
45	-1	0	2
46	3	2	0
47	0	1	2
48	0	1	3
49	3	1	0
50	2	0	1
50 出现右列每个形容词得 2 分	精神饱满　观察敏锐　一丝不苟　热情　足智多谋　有主见　有奉献精神　有独创性　易动感情　重情感　创新好奇　自信的热情　严于律己		
50 出现右列每个形容词得 1 分（其余的形容词得 0 分）	泰然自若　有远见　不拘礼节　行为谨慎　虚心　机灵的　坚强		

表1-3　最终得分及反馈情况

累计得分	创造力水平
110~140 分	创造力非凡
85~109 分	创造力很强
56~84 分	创造力强
30~55 分	创造力一般
15~29 分	创造力弱
-21~14 分	创造力差

第三节　认识创新

一、创新的内涵

（一）创新的含义

知名学者杨远锋给创新的定义是，以现有的思维模式提出有别于常规或常人思路的见解，利用现有的知识和物质，在特定的环境中，本着理想化需要或为满足社会需求而改进或创造新的事物，包括但不限于各种产品、方法、元素、路径、环境等，并能一定获得有益效果的行为。

我们认为，创新是人类为满足自身利益的需要，在思维和行为层面不断突破和不断拓展对客观世界及其自身的认知的过程，这个过程伴随着或好或坏的结果。企业创新是指为了组织发展目标，增强核心竞争力，企业遵循市场规律，对其生产运营的产品或经营模式在技术、质量、市场等方面持续变革，以及围绕市场进行的企业内部管理变革，以赢得客户认可的价值增值活动。创新有广义和狭义之分。

1. 广义的创新

广义的创新是指创造新的思维模式、新事物。"创新"一词出现很早，如《魏书》中载："革弊创新"，《周书》中载："创新改旧"。与创新含义相近的词有维新、鼎新等。《现代汉语词典》（第7版）对创新的解释为：抛开旧的，创造新的；指创造性，新意。从这个角度来看，创新和创造的含义比较接近。例如"培养企业家创新精神""加大理论创新"等。

创新是人类对现有思维的超越，在这个过程中可以提供思维活动、模式或有别于旧事物的过程，可以打破传统，以非常规的方式解决各种事物问题。该定义包括以下含义：

（1）创新是以解决实践问题为目的的一项活动。

（2）创新的本质是对过去的颠覆性超越，为未来创新做准备。

（3）创新是思维突破产生新行为的过程，对价值突变提供思维变革。

（4）创新的目的在于用更好的方式手段来解决问题。

（5）创新的评价标准在于能否取得社会公认的价值。有的创新需要通过人类思维普遍提高之后，才认为有价值。比如，凡·高的绘画作品，经过若干年后才被认可。

> **思维火花**
>
> 划时代的创新——爱因斯坦年轻时敢于冲破权威神圣理论，提出光量子理论，奠定了量子力学的基础。随后他又创立了"相对论"，一举成名，震惊世界。
>
> 时尚创新——米老鼠形象、智能机器人等也是技术智能集成、认识观念等的创新。

2. 狭义的创新

狭义的创新是美国经济学家熊彼特（Joseph Schumpeter）提出来的，他于1912年发表了《经济发展理论》一书。在这本著作中，他提出创新是建立一种新的生产函数，是一种从来没有过的关于生产要素和生产条件的新组合，包括引进新产品，引进新技术，开辟新市场，控制原材料的新供应来源，实现企业的新组织。

简单来说，要实现创新，就要通过以下五种途径来实现：

（1）新产品开发或产品质量提高。新产品开发属于创造活动，是对旧产品的革新，需要新技术破土萌芽。他认为须掌握两条原则：一是了解市场需求，二是运用相匹配的科学技术。

例如：2022年，C919大型客机首飞放飞评审会在中国商飞公司试飞中心基地召开。专家认为，国产大飞机C919已经通过全面评审。

（2）新的生产方法采用。中小企业常采用这种方法，目的是提高质量、降低成本，实现经济效益最大化。

（3）新市场开发。新市场开发的思维创新在于调查信息、收集资料、加工信息，善于追求差异化变革，找客户的痛点和市场的卖点。此外，要学会在市场发展趋势中寻求全产业链配套的补链环节，也就是新市场的获得点。

（4）原料或半成品新来源、获得的新方式。这需要逆向思维。从购买方角度着手思考，充分考虑市场信息，研究供应商的供应动机，具备市场意识。

（5）实行一种新的企业组织形式。有的时候，企业组织形式创新，可带来意想不到的结果。

（二）创新相关概念比较

1. 发现

发现是获得天然性成果的创造活动。发现的成果或者是客观存在的物质，或者是物质的性质与规律。因此，发现所获得的成果具有新颖性，是前人没有认识或没有得到的东西。

2. 发明

发明是获得非天然性或人为性新成果的一类创造。发明的成果可以是物质性的，而且发明的成果同样是新东西，是没有发明该物品或事物之前不存在的，因此具备新颖独特性和时间第一性。

3. 创造

创造是对创造活动和创造力的综合概括，关于创造的定义，在学术界有着很多的说法。具体而言，创造指创造者根据现有的物品（比如产品、设备、模式等），经过其思维创新和创造的过程，在该物品的基础上所产生的更好更新地设计、改变物品的方法、流程、路径等的过程。这包含创造者个体的知识更新对于物品独具特色的新颖性影响的价值赋能活动。创造至少应包含以下四方面内容：①创造的目的性，即创造是对旧有思维、物品和模式的有意识的改变；②创造者必须提供富有创新性的成果；③创造者须有创造者知识储备；④创造具有首创价值，第一性和唯一性是创造的本质。

创造在社会科学和文学艺术领域较为多见，日常生活中的一些创作活动大多属于实践型创造活动。如，生物学家在研究小白鼠多年之后发表的一篇世界级论文，经济学家提出一种经济发展新模式等。所以说，创造活动包括发现、发明的活动。

而创新与创造两个概念在内涵上大同小异，创造和创新都具备新颖性，都是区别于过去的新思维和新事物。但两者也有差别：其一是创新大多反映在思维层面，创造体现在活动层面。其二是创新强调思维模式新变化，有可比性；创造活动则重视创造者活动过程的时间性和新颖性，具有旧事物超越的特质，未必都去一一比较。相关概念辨析如表1-4所示。

表1-4 相关概念辨析

名词	项目		
	定义	区别	举例
创新	创新是引进新概念、新东西、新模式，突出强调人的进取精神	创新包含思维创新、方法创新和应用创新	注重市场需求的创新、理论创新
创造	创造是指个体或群体根据一定的目标，运用一切已知条件产生出新颖、有价值成果的认知和行为的活动	创造的本质是新、突破和超越、前所未有、与众不同	宇宙现象的科学发现、化学时代新发明、文学艺术上的创作等都是创造性活动
发现	发现是指揭示或查明客观世界本来就存在的特征、现象和规律，属于认识世界的活动，获得天然性成果	发现的对象是客观存在的物质、物质性质、运动规律	爱因斯坦的相对论、牛顿发现万有引力、法拉第发现电磁感应现象、门捷列夫发现元素周期规律
发明	发明是指利用自然规律和技术手段创造前所未有的事物和方法，来有效地满足某一实际需要，属于改造世界的活动，获得非天然性成果的活动	发明的对象非天然性成果，而是凝聚了人类脑力、体力劳动的成果。物质性、认识性均可	微软视窗的美化五笔字型输入法、电动自行车、智能手机、人造卫星、新能源汽车

（三）创新理论

1. 创新的概念

创新是指创造者凭借现有思维模式经过脑力劳动提出有别于常规的思路、方法；以此为导向，在特定环境相关领域，借助本体知识储备进行思维改变来满足社会组织或个体某种实际特定需要，用新思维、新事物取代过去的思路、方法、模式、工具和达成路径。创新同时也是含义最广泛的词之一，包含三层含义：一是更新，二是创新，三是改变。创新涉及各个方面，既包括重大创造、发明等，也包括组织中每个层级在经营过程中的创新创造，如组织中对产品、流程、商业模式、盈利模式、服务模式等的创新。

2. 创新理论

创新理论源于西方，是学者们把创新思维、创新活动集成思考上升到理论高度，进行概括并用于指导实践的方法观和价值论。创新理论有四层含义：其一，观念或思维的突变，表现为概念的更新并创造出新的东西。其二，理论高度概括并有新的分支，比如知识创新理论、管理创新理论、产品创新理论、方法创新理论等。其三，通过创新活动对改变旧事物的经验加以总结并上升到理论水平。其四，创新理论不是一层不变的，随着人类对未知领域的探索和环境的变化，还会有新的变化，并达到更高的理论创新高度。

二、创新的分类

（一）按内容分类

创新涵盖众多领域，包括政治、军事、经济、社会、文化、科技等。按创新的内容来分类，可以分为管理创新、知识创新、技术创新、工程创新、社会创新等。

1. 管理创新

管理创新就是企业利用创新思维和手段，重新组织生产要素形成新的组合，如将战略定位、组织目标、人财物和客户资源以及互联网、大数据和智能网络相结合形成产业链的新组合，从而更好地实现组织目标或组织变革。比如财务软件的更新、海尔的卡奥斯商业模式等。

2. 知识创新

知识创新是指通过科学研究，包括基础研究和应用研究，获得新的基础科学和技术科学知识的过程。其中，科学研究是知识创新的主要活动和手段，知识创新的目的是追求新发现、探索新的知识发展规律、创立新的理论学说、创造新的方法路径、新环境条件下的知识创新积累等。知识经济时代要解决知识运用的频度、效度和精度，进而实现知识的价值创新。

3. 技术创新

技术创新指企业生产技术的思维设计、开发技术直至新产品研发前的各种思路创新，技术创新需要知识积累、场景需要以及市场运营需要，属于经济领域的创新。通过技术创新，企业可以应用创新知识和新技术、新工艺，采用新的生产方式和经营管理模式，开发新产品、提高产量、巩固质量、提供新服务、占据市场并实现技术的市场价值。

熊彼特的创新经济理论，从五个层面进行了分析，其中获取新的生产方法就需要技术创新。

> **思维火花**
>
> 2023年，中国信通院第七次发布《大数据白皮书》报告，报告聚焦过去一年大数据领域涌现的新技术、新模式、新业态，分析总结全球和我国大数据发展的总体态势。报告显示，2021年我国大数据产业规模增加到1.3万亿元，复合增长率超过30%；发表大数据领域论文量占全球31%，大数据相关专利受理总数占全球50%，均位居第一；大数据市场主体总量超18万家，大数据相关企业获得投资总金额超过800亿元，创历史新高。新时代大数据迅猛发展，这项技术创新已经引领未来的人们生活工作方式。

4. 工程创新

工程创新是由技术创新发展到具体产品设计与运用再到具体产品改良设计等思维变革的标志。中国在工程创新中也谱写了厚重的历史华章，比如都江堰、赵州桥、故宫、天坛、颐和园、圆明园、长城等。工程创新是各类要素智慧化集成，含有多个技术要素层次集成，包括工程理念、设计、专利、配方、技术、管理、制度等创新。

> **思维火花**
>
> 中国高铁：近20年，中国高铁取得巨大成就：首先运行里程很长，截至2021年年底，高铁运行里程已经达到4万公里，世界排名第一。其次自主创新能力很强，尤其是复兴号动车组，属于中国自主知识产权的列车。然后技术处于前沿的位置，不仅拥有5G技术，还使用北斗卫星导航系统等设备。
>
> 港珠澳大桥：港珠澳大桥于2009年12月开始动工，于2017年7月实现主体工程全线贯通，于2018年2月完成主体工程验收；同年10月24日上午9时开通运营。它是中国境内一座连接香港、广东珠海和澳门的桥隧工程。桥隧全长55千米，其中主桥29.6千米、香港口岸至珠澳口岸41.6千米；桥面为双向六车道高速公路，设计速度100千米/小时；工程项目总投资额1 269亿元。这是非常了不起的工程技术创新。

5. 社会创新

社会创新是指社会治理模式等的新突破，是满足社会目的、取得实效的新想法和举措。其中包括城市发展理念、政府改革以及政务系统等通过新的更有效方法的设计和开发，应对城市扩张、交通堵塞、教育乱象、医疗保障、人口老龄化、环境污染、社区养老等社会问题的过程。

> **思维火花**
>
> 据悉，山东将全域全要素打造乡村振兴齐鲁样板。在总体安排上，坚持"三个层次"同步推进，值得注意的是，针对乡村的精神文化需求，山东亦有了新目标，这也成为山东对于"宜居"定义更高标准的诠释。具体来看，山东将以一种春风化雨、久久为功的姿态，针对乡村治理、乡风文明问题，让基层党组织更坚强有力。此外，在实施路径上，山东将重点抓好"一村两区、一面四线"建设："一村"即和美乡村，2023年建设省级和美乡村2 000个；"两区"即乡村振兴齐鲁样板示范区、衔接乡村振兴集中推进区，2023年建设省级"两区"各30个以上；"一面"即在面上开展农村人居环境整治、农村基础设施网建设、乡村公共服务提升等；"四线"即沿黄河、大运河、齐长城、黄渤海四大文化体验廊道，打造乡村振兴展示带。

（二）按创新程度中知识产权的比重分类

按创新程度和知识产权比重来分类，可分为自主创新和合作创新。

1. 自主创新

自主创新是指创造主体独立展开某些方案、技术工程等拥有自主知识产权的创新。即创新主体依靠自己的智慧和力量，而进行的一种拥有自主知识产权的创新，包括原始创新、集成创新和引进技术再创新。自主创新的成果，一般体现为新的科学发现，以及拥有自主知识产权的技术、专利、产品、品牌等独占性。

2. 合作创新

合作创新通常以合作伙伴的共同利益为基础，以资源共享或优势互补为前提。合作各方有明确的合作目标、合作期限和合作规则。合作各方在技术创新的全过程或某些环节共同投入、共同参与、共享成果、共担风险。

合作创新包括战略合作和特定项目短期合作，前者如战略技术联盟、网络组织、太空开发等，后者如研究开发契约和许可证协议。近年来，合作创新成为国际上重要的技术创新方式，合作组织方式多种多样。

合作创新有广义和狭义之分。广义的合作创新是指企业、研究机构、大学之间的联合创新行为，包括新构思、新产品开发以及商业化等任何一个阶段的合作创新。狭义的合作创新是企业、大学、研究机构为了共同的研发目标而投入各自的优势资源所形成的合作创新，一般特指技术创新。

（三）按创新过程分类

创新永无止境，创新是组织发展的动力，是一个周而复始、不断从一个端点循环往复至另一个端点的过程。按照创新过程分类，包括创新启蒙、创新引擎、创新推动、创新结果和创新评价五个方面。

以手机为例，中国手机产业经过了模拟机、小灵通、直板机、翻盖机、外置天线转内置天线、智能手机的沿革，采用了模仿、跟随、技术研究、技术升级、技术超越、技术原创等方法。这个过程就是创新过程，涉及创新愿望（启蒙）、创新刺激（引擎）、创新推动（利益推动）、创新需求（结果）和创新反馈（评价）。

三、创新的特征

1. 超前性

个体创新要做到"前无古人"，就需要领先一步，因此超前性是创新的表现特征。超前性要符合事物发展的实际，属于创造活动的特征。

2. 流畅性

个体在面对现象或问题产生的情境时，在有限或规定时间内给出比较多的点子或创意或不同观念。一般而言，数量越多，表明个体的思维创新流畅性越高。该特征代表创造者心智灵活，思路通达。

3. 新颖性

个体在创造中体现对新事物、新方法、新概念的时代性，突出"别具一格"，有别于旧有的事物，是时代的创造性产物。

4. 变通性

变通性也称之为灵活性。个体面对问题情境时，不墨守成规，不钻牛角尖，能随机应变，触类旁通，根据情境变化随机应变。

5. 独创性

个体面对问题情境时，能独具匠心，想出不同寻常的、超越自己也超越前人的意见，具有新奇性，其思维路径、实践方式和思维成果能标新立异、独树一帜，突破固有模式，刻意求新，另辟蹊径。

6. 价值性

任何事物的产生,都有个体推进动机。事物创新必然有价值。没有价值的创新,不会长久。个体或群体的创新活动要为社会带来价值,否则就没有意义。

思维训练

1. 布袋中有黑、白尼龙袜子各7只。

请问:你至少要拿出几只,才能保证取到一双颜色相同的袜子?至少要拿出几只才能保证取到一双白颜色的袜子?

2. 在一个桶壁不透明的开口圆桶里,装有若干水。

请问:判断桶里的水有没有超过半桶?(不能用尺子量)

3. 年龄问题。一个人生于公元前10年,死于公元10年,死的那一天正好是他生日的前一天。

请问:此人死时到底是几岁?

4. 世界上什么东西最长又最短、最快又最慢,能分割最小又能扩展到无穷大,最不受人重视而又最受人珍惜。没有它,什么事都做不成。那是什么?

5. 操场上有根柱子上装有一个篮筐,几十名学生排着长队等着练习投篮,此情此景能触发你的灵感。

请问,此时的你,能想到哪些场景?

户外拓展

1. 过直线。

参加人数:10人一组。

活动时间:越快越好。

活动目的:明确团队合作的重要性,练习反应速度

活动规则:10人一组,可以按男女划分。过程:10个男生站成一条直线,脚保持在一条直线;10个女生快速通过这条直线;讨论:一共有几种方案,哪种方案更快?

2. 大河之舞。

参加人数:10人一组。

活动时间:30分钟。

活动目的:考验团队成员的团队协作精神。

活动规则:每个小组所有成员同时跳绳,途中出现任何失误,从头开始,在规定的时间内,连续跳起次数最多的小组胜出。

3. 无敌风火轮。

参加人数:12~15人一组。

活动时间:15分钟。

活动目的:明确克服困难的团队精神,培育听从指挥、一丝不苟的做事态度,增加成

员的信任度。

活动规则：利用报纸和胶带制作一个可以容纳全体团队成员的封闭式大圆环，将圆环立起来全队成员站到圆环上边，边走边滚动大圆环，在相同距离用时最短的小组胜出。

脑力激荡

1. 谁在盗窃？

清晨，村主任发现村口有一男一女在争吵。男的说："这茄子是你从我的地里偷出来的。"妇女说："你诬赖好人，茄子是我从自家地里摘下来的。"村主任经过仔细观察后对妇女说："你把茄子按成熟的和未成熟的分成两堆，数数每一堆有多少个茄子。"妇女只好照办，并说："成熟的有12个，未成熟的有10个。"村主任冷冷一笑，指着妇女说："你果然是偷茄子的贼！"

请根据以上描述，分析村主任是如何判定到底谁在盗窃的？

2. 过护城河。

有一座正方形的中世纪城堡坐落在一个正方形的岛上，被包围了。岛的周围有10米宽的护城河。但是征服者只能造出9.5米宽的桥。即便如此，一位智者还是想出了办法过那条护城河。你知道他是怎么过桥的吗？（对面有一个地方可以搭桥，不对着陡峭的城墙。护城河是方角的，那里大约14.1米宽。）

3. 桥墩归位。

一场山洪冲毁了森林边上的小桥，连钢筋水泥做成的桥墩也被冲到下游去了。山洪过后，大家开始重建。经过各方面的研究，还是在原来的地方重新建桥是最好的方案，而且桥墩也没有被毁坏。于是大家准备把桥墩拖回来。森林管理处的工作人员开来了两只大船，准备拖走在下游深水处的桥墩。工人们把绳子系在桥墩上，然后准备用船拉走，可是桥墩太重了，而且陷在河底的泥沙很深，船已经开到了最大马力，桥墩连动也不动，再增加船只也不大可能，这可怎么办，大家都开始发起愁来。一个老船工望着岸边的沙子，突然想出了个办法，他号召大家重新行动起来，最终把桥墩顺利地拖到了目的地。

你知道这位老船工想的是什么办法吗？你还能想出更多的办法吗？

第二章　创新思维与思维定式

创新思维作为独特的、具有创造性的思维方式，能够帮助人们克服挑战、解决问题。它鼓励人们跳出传统的思维框架，尝试新的方法来解决问题。它能够激发人们的创造力和创新力，从而产生全新的想法和解决方案。而思维定式是一种封闭的、固定的思维方式，它让人们局限于传统的思维模式和惯性思维，难以接受新的想法和解决方案。思维定式通常是由过去的经验和知识形成的，它能够让人们快速地解决熟悉的问题，但对于新的问题和挑战，思维定式可能会阻碍人们的思考和创新。

第一节　思维与创新思维

一、思维概述

（一）思维的含义

思维是人脑在表象、概念的基础上对客观事物间接的、概括的反映。

思维与感知觉的共同之处是，都是人脑对客观现实的反映。它们的差异在于，感觉和知觉是当事物的个别属性或具体事物及外部联系直接作用于感觉器官时，人脑所作出的反映过程，是对客观事物的直接反映，它们属于认识的低级阶段。而思维是人脑对感知觉所提供的材料进行"去粗取精，去伪存真，由此及彼，由表及里"的加工，对事物的本质属性，即内部规律的反映过程，是人脑对客观事物概括的间接的反映，它属于认识的高级阶段。比如，我们看到过或使用过各种各样的铅笔，对铅笔产生过知觉，有过感性认识。当有人问："什么是铅笔？"我们就要进行思索，抛开那些非铅笔所必备的属性，如颜色、长短、粗细、形状、表面质地等特点，找出铅笔的一般特点，即中间有铅芯。这样就把铅笔和毛笔、钢笔等其他书写工具以及各种非书写工具区别开来，找到了铅笔的本质。这种进行思索、认识事物本质的过程，就是思维。又如，人们注意到每次月亮四周出现光圈（即所谓"月晕"）就会"刮风"，厅堂中柱子的石座（即所谓"础"）每次"潮湿"就要"下雨"，从而得出"月晕而风，础润而雨"的结论。这种对于月晕和起风、柱子的石座潮湿和下雨之间的联系进行思索，认识事物之间必然联系或规律的过程，就是思维。

典型案例

如何把蜡烛固定在墙壁上

德国心理学家曾经做过这样一个测试,给你一盒火柴、一盒钉子、一把锤子,你能想出什么办法把燃烧的蜡烛固定在墙上?也许你有自己的方法,比如用蜡油把蜡烛粘到墙上。但是最简单的方法是先将装钉子的包装盒钉到墙上去,再将点燃的蜡烛放在盒上。

你有没有想到这个办法?在德国心理学家卡尔邓克尔的测试中,超过一半的人想不到这个最简单的办法。但是如果换一种说法,假设一开始给出的条件是手里有几个钉子和一个空的盒子,怎么利用这些工具把点燃的蜡烛固定在墙壁上,那么想出这个最简单方法的人就会多出很多。他们两个的区别是一个装着钉子的盒子,一个是空盒子。因为装了钉子,我们的大脑就认定它只是容器,而不装钉子的时候就会被看成可利用的材料。心理学上把这种现象称为功能固定。

(资料来源:https://zhuanlan.zhihu.com/p/466020047)

讨论:结合以上案例思考一下,快速、正确解决问题的关键点是什么?

(二) 思维的基本构成

就思维的本质而言,思维是对问题或情景的内部表征。比如,你在做某件事之前会提前想好每一步要做什么。你要运用思维的基本组成(表象、概念、语言)来完成这一过程。

(1) 表象:人的头脑中对看到的真实物体的效果,具有图画般再现特点的心理特征。

(2) 概念:对某类事物的概括。

(3) 语言:包括用于思维和交流的词、符号,以及将词或符号联系起来的规则。我们生活中每时每刻都在使用语言。

思维火花

热牛奶比冷牛奶结冰快,这种自然现象是坦桑尼亚中学生埃斯托·姆佩姆巴第一个发现的。1963年,姆佩姆巴在热牛奶里加了糖,准备做冰激凌。如果要等热牛奶凉后再放入冰箱,只怕别的同学早就用自己的杯子把冰箱占满了,所以他便把热牛奶塞进了冰箱。令人惊奇的是:姆佩姆巴的热牛奶比别的同学的冷牛奶结冰要快得多。他的这一重要发现,当时不过被老师和同学们当成笑料。姆佩姆巴不顾人们的嗤笑,求教于达累斯萨拉姆大学物理教授奥斯博尔内博士。奥斯博尔内博士做了同样的实验,证实这种自然现象确实存在。

此后,世界上很多科学杂志刊登了这种自然现象,并把它命名为"姆佩姆巴效应"。

(三) 思维的构成要素

(1) 目的:指行为主体根据自身的需要,借助意识、观念的中介作用,预先设想的行为目标和结果。

(2) 问题:指需要解决的事。

(3) 概念：指反映对象的本质属性的思维形式。
(4) 信息：指提供决策的有效数据。
(5) 依据：指以某种事物或行动为基础和前提。
(6) 推理：由一个或几个已知的判断（前提），推导出一个未知的结论的思维过程。
(7) 结论：从前提推论出来的判断，对人或事物所下的最后论断。

二、思维分类

（一）动作思维、形象思维、抽象思维

根据思维的形态思维可分为动作思维、形象思维和抽象思维。

1. 动作思维

动作思维（Action Thinking）也称直观动作思维，是一种思维方式。其基本特点是思维与动作密不可分，没有动作就无法进行思维。动作思维一般出现在人类或个体发展的早期阶段。它与当前直接感知到的对象相关联，解决问题的思维方式不是基于表象和概念，而是基于当前的感知和实际操作。

它强调行动与思考的紧密结合，通过实际操作和反馈来推动思维的深入和发展。在日常生活和工作中，我们常常面临各种各样的问题和挑战。传统的思维方式往往侧重于理论分析和概念性思考，而动作思维强调通过实际行动来获取信息、验证假设和解决问题。它追求实际经验和实践结果的反馈，通过实际操作来推动思维的发展和优化。动作思维的核心理念是"试错即学"，即通过不断尝试和反思来获取新的知识和经验。动作思维的优势在于它能够通过实际操作来加深对问题的理解和对解决方案的探索。通过实际动作，我们可以更直观地感知到问题的本质，从而更容易找到解决问题的方法。

2. 形象思维

形象思维（Imaginal Thinking）也称直观思维，有时也被叫作"形象型思维"，是一种借助具体形象展开的思维过程。它常常被艺术家和文学家在创造活动中运用，因此也被称为艺术思维。形象思维强调通过具体形象和想象力来解决问题和表达想法。它可以激发创造力和想象力，帮助人们发现新的解决方案和创意。形象思维的关键要素包括观察、感知和想象。通过仔细观察和感知问题的各个方面，人们可以获得全面的信息和理解。然后，他们可以利用想象力构建内在的图像和场景，从而更好地理解和思考问题。形象思维可以应用于各个领域，如学习、艺术和创新。

3. 抽象思维

抽象思维（Abstract Thinking）是一种基于概念、判断和推理的思维过程，用来反映现实世界。它以抽象性和逻辑性为特征，通过忽略具体形象而提取事物的本质，进行合理展开和科学抽取。抽象思维的第一个特征是抽象性。在抽象思维中，人们会忽略事物的具体形象，而关注事物的本质特征。通过抽象思维，人们能够将事物的共同特征提取出来，并形成概念。这样，人们可以更好地理解和归纳事物。例如，在学习数学时，人们可以通过抽象思维将不同的数字抽象成概念，从而更好地进行计算和推理。抽象思维的第二个特征是逻辑性。在抽象思维的过程中，人们会进行合理的推理和判断。他们会根据已有的知识和规则，分析和思考问题，并得出合理的结论。通过逻辑推理，人们能够发现问题之间

的关系和规律，从而更好地解决问题。

（二）发散思维、集中思维

1. 发散思维

发散思维（Divergent Thinking）是从一个目标出发，沿着各种可能的方向扩散，探求多种合乎条件的答案的思维。

发散思维又称 辐射思维、放射思维、多向思维、扩散思维或求异思维。发散思维与传统的线性思维不同，不局限于固定的思维模式和规则，而是鼓励思维的自由流动。发散思维能够激发创造力和创新能力，帮助人们找到独特的解决问题的方法。发散思维以开放性和多样性为核心，它鼓励我们敞开思维的大门，尝试着去发现各种可能性。当我们面对问题时，传统思维往往只能给出一个或有限的解决方案。然而，通过发散思维，我们可以从不同的角度和思维路径来看待问题，拓宽思维的边界，并形成富有创意的想法。这种思维方式打破了常规，让我们能够跳出思维的框架，思考更多的可能性。

2. 集中思维

集中思维（Convergent Thinking）是一种通过分析、综合、对比和推理演绎的方式，在已知信息中找到最佳选择的思维方式。与发散思维相对应，集中思维也被称为求同思维或聚敛思维。它的目标是根据众多已知材料产生一个结论或从中找到一个答案。集中思维强调鉴别、选择和加工信息的能力。它需要我们细致地分析和比较各种因素，然后进行推理和演绎，以得出最佳选择或结论。这种思维方式在解决问题和做决策时非常重要，因为它能够帮助我们在各种选择之间做出明智的决策。集中思维是创造性思维的一个重要组成部分。

3. 发散思维和集中思维的关系。

发散思维和集中思维是两种相对的思维方式，它们在解决问题和创造力发展中起着互补的作用。发散思维强调产生大量的创意和观点，鼓励自由联想和尝试新的思维路径。而集中思维更加注重分析、对比和推理演绎，从已知信息中找到最佳选择。这两种思维方式相互补充，可以互相促进和激发创造力。发散思维可以帮助我们打破常规思维模式，广开思路，从而有更多的可能性和创新的机会。而集中思维能够帮助我们从众多的创意中筛选出最佳的解决方案，进行深入分析和推理。

三、思维特性

（一）概括性

概括性是思维的一种特性，指的是将大量复杂的信息、观点或者事物进行归纳和总结，以便于更好地理解和把握其中的核心要素。思维的概括性有助于我们将繁杂的事物进行简化和提炼，从而更好地把握其本质和重要的特征。思维的概括性常常用于概括性的论述、总结和归纳类的任务，它帮助我们在面对大量信息时快速理解和记忆，同时也有助于我们发现问题的共同点和规律，从而更好地解决问题。在日常生活中，概括性也有助于我们进行有效的沟通和交流，将复杂的观点或者事物以简洁的方式表达出来，使别人更易于理解和接受。

（二）间接性

间接性是思维的另一种重要特性，指的是通过推理、分析或者引申等方式来理解和探索问题或者事物的本质和内涵。与直接性相比，间接性更加复杂和深入，需要运用逻辑推理、抽象思维和创造性思维等能力。思维的间接性可以帮助我们对问题的各个方面进行比较、对比和推演，从而深入了解其内在的规律和关联，发现其中的深层次意义。间接性也有助于我们进行问题解决和创新思考。通过对问题进行间接的思考和分析，我们可以找到不同的解决方案和创新的可能性。此外，间接性还有助于我们发现事物之间的联系和相互影响，帮助我们更好地理解和把握复杂的系统和关系。

四、创新思维

（一）创新思维的定义

创新思维是指以新颖、独特和有创造性的方式来解决问题和创造价值的思维方式。它强调对传统思维模式的突破和超越，鼓励尝试新的思考方式和方法，以及勇于挑战现有的规则和框架。创新思维不仅仅是创造新产品、新技术或新理念，更是一种对问题重新审视和解决的方法。创新思维能够帮助我们发现问题背后的机会和潜力，并提出具有独特性和前瞻性的解决方案。

（二）创新思维的基本特征

1. 敏感性

敏感性（Sensitivity）是创新思维的基本特征之一。它指的是对周围环境及其变化的敏锐感知能力。创新思维者具有敏感性，能够敏感地捕捉到问题、挑战和机会，并及时作出反应。敏感性使创新思维者能够对市场和社会的变化做出准确的预测，并能够及时调整策略和方向。敏感性不仅仅是对外部环境的敏感，还包括对内部想法和感受的敏感。敏感性是创新思维的基础，只有具备敏感性的人，才能够真正做到洞察问题、发现机会和推动创新。

2. 独特性

独特性（Originality）是创新思维的另一个基本特征。它指的是能够产生与众不同的想法和解决方案的能力。创新思维者具有独特性，就能够独立思考，并且不拘泥于传统的思维模式和方法。独特性还使得创新思维者能够跳出自身的思维局限，接受不同观点和意见，并能够将其整合到自己的思考中。独特性是创新思维的核心，只有具备独特性的人，才能够真正做到创造性地思考和创新。

3. 流畅性

流畅性（Fluency）是创新思维的又一重要特征。它指的是能够快速、连续地产生大量的想法和解决方案的能力。创新思维者具有流畅性，就能够迅速地生成各种不同的想法，而不受限于数量或质量。流畅性提高了创新思维者的灵活性和适应性，使他们能够应对不同的情境和挑战。流畅性是创新思维的重要组成部分，只有具备流畅性的人，才能够在创新过程中快速生成并选择最佳的解决方案。

4. 灵活性

灵活性（Flexibility）是创新思维中另一个重要特征。它指的是能够适应变化、调整思维方式和观点的能力。创新思维者具有灵活性，就能够迅速适应新的情境和挑战，不固守旧有的观念和做法。灵活性帮助创新思维者更好地适应变化和不确定性，使之能够在不同的情况下做出灵活的决策和调整。灵活性是创新思维中的重要品质，只有具备灵活性的人，才能够在快速变化的环境中持续创新和适应。

5. 精确性

精确性（Elaboration）是创新思维中的另一个重要特征。它指的是深入思考问题，并且对细节进行仔细考量和分析的能力。创新思维者具备精确性，能够对问题进行全面的思考和理解，不仅关注表面现象，还能够深入挖掘问题的本质。精确性使得创新思维者能够对问题进行全面的思考和评估，从而找到更准确、更有效的解决方案。精确性还帮助创新思维者提高工作的效率和质量，使之能够在工作中注重细节，做到高度的专业和精确。精确性是创新思维中的重要品质，只有具备精确性的人，才能够做到深入思考和全面分析，从而产生创新的解决方案。

6. 变通性

变通性（Redefinition）是创新思维的另一个关键特征。它指的是能够灵活地改变和重新定义问题、方法和观点的能力。创新思维者具备变通性，能够超越传统的思维框架，寻找新的角度和方法来解决问题。变通性使创新思维者能够跳出常规思维，不受限于固定的模式和既定的观念，从而创造出独特的和创新的解决方案。变通性还鼓励创新思维者尝试不同的方法和工具，跨学科地融合知识和技能，以寻求更具创新性的解决方案。变通性是创新思维中的重要品质，只有具备变通性的人，才能够超越传统的思维模式，从而推动创新的发展。

五、思维能力

（一）思维能力的定义

思维能力是指个体在认知过程中运用一系列智力技能和心理机制的能力，包括问题解决、判断推理、创新思维、批判思维等多个方面。思维能力是人类与众生动物的重要区别之一，它使我们能够理解、分析和处理信息，从而进行合理的决策和行动。思维能力与学习能力、创造力等密切相关，它们相互促进和补充。思维能力的形成，不仅需要具体扎实的知识基础，还需要在观察力、思辨力、归纳推理能力和问题解决能力等方面进行培养。

（二）思维能力的特征

1. 独立性

思维能力的独立性是指个体在思考问题时具备独立思维和判断的能力。独立性体现在个体能够独立思考问题，并且能够独立做出决策和判断。具备独立思维的个体，可以独立提出问题，分析问题的各个方面，从不同角度思考，展现出独特的思维方式和观点。独立性还包括个体有自主权，能够独立选择解决问题的方法和途径，不受他人的干扰或影响。

2. 灵活性与敏捷性

思维能力的灵活性与敏捷性是指个体在思考问题时能够快速适应变化，灵活调整思维方式和策略的能力。灵活性体现在个体能够灵活运用各种思维工具和技巧，根据问题的不同需求选择合适的方法和策略。灵活性还包括个体能够在面对不同情境时迅速调整自己的思维方式，从不同角度思考问题，寻找新的解决方案。敏捷性则体现在个体能够迅速捕捉到问题的关键信息，快速分析问题的本质和根源，并且能够以较快的速度做出决策和判断。灵活性与敏捷性的培养可以通过提供多样化的学习和思考机会，鼓励个体在解决问题时尝试不同的方法和思维策略。同时，培养个体的观察力和信息处理能力，让个体能够准确、快速地获取和分析问题相关的信息。

3. 全面性

全面性是指个体在思维过程中能够充分考虑问题的各个方面和角度。它要求人们不偏不倚地进行分析和评估，以找到问题的关键因素并对各种信息和观点进行综合判断。

4. 创造性

创造性是指个体能够独立或合作地产生新的、原创的、有价值的想法、概念、方法或产品。它是一种能力和态度，要求个体能够从不同的角度出发，突破既有的思维框架和传统的观念，提出新的解决方案或创意。创造性涉及思维的灵活性、独立思考、想象力和冒险精神等方面。可以通过提供良好的学习环境和创造性的学习任务，鼓励个体自由表达和尝试新的思路和方法去培养创造性。同时，也需要培养个体的自信心和积极心态，使其敢于面对挑战和失败，并从中吸取教训，在挫折与探索中慢慢成长。

▶▶▶ 六、思维能力的培养 ▶▶▶

（一）掌握思维的相关知识

要培养思维能力，首先需要掌握思维的相关知识。这包括理解不同类型的思维方式和思维工具，如逻辑思维、创造性思维、批判性思维等。逻辑思维能够帮助我们进行合理推理和分析，创造性思维能够激发我们的创新能力，批判性思维能够帮助我们审视和评估信息的真实性和有效性。掌握这些思维方式和工具，可以使我们更加有条理地思考问题，从不同角度思考和解决问题。

（二）进行正确的自我评价

进行正确的自我评价是培养思维能力的关键一步。自我评价是指对自己的思维过程、思维方式和思维结果进行客观、准确的评估和反思。通过进行自我评价，我们可以发现自己的优点和不足，找到改进和提升的方向。在进行自我评价时，要注意客观、全面地分析自己的思维过程，不偏不倚地认识自己的能力和局限性。同时，要善于发现自己的错误和盲区，不断反思和修正自己的思维方式。

（三）笃志笃行，提升自我

要培养思维能力，我们需要坚定自己的志向和目标，并付诸实践。这就是笃志笃行的重要性。通过明确自己的追求和价值，我们能够激发内在的动力和热情，不轻易放弃。同时，我们需要制订可行的计划和步骤，有条不紊地迈向目标。在实践中，我们要保持积极的心态和高度的自律，坚持不懈地付出努力。同时，要不断学习和提升自己的技能和知识，注重实践和经验积累。

第二节 思维定式

▶▶▶ 一、思维定式的含义 ▶▶▶

人们对于周而复始的工作、经常发生的类似事件或活动，产生的先入为主的固定心理模式或有倾向性的思维惯性，称为思维定式。

思维定式具有可预见性、可借鉴性的积极方面，同时也具有固定性、模式化的消极方面。虽然思维定式的积极性可以让人们解决问题时，依据积累的经验少走弯路，但其公式化的消极性会在一定程度上扼杀创新思维的发展，对创造性地解决问题产生阻碍。

> **典型案例**
>
> 因大英国家图书馆年久失修，政府重建了图书馆，但是馆长却发愁了。因为大量图书从旧馆搬到新馆大约需要350万英镑，图书馆支付不起这个费用。一天，一名馆员看到馆长愁眉苦脸，便问："馆长，何事发愁？"
>
> 馆长答："图书馆搬家的经费问题解决不了。"
>
> 馆员说："我有个主意，只需150万英镑"。
>
> 馆长一听，150万英镑可以拿出，就问他什么主意。
>
> 馆员说："好主意也是商品，我有个条件！"
>
> 馆长听了以后，说："你说说看，是什么条件？"
>
> 馆员说："这150万英镑花费剩余的零头得归我。"馆长一口答应。
>
> 馆员说："那我们得签个合同。"馆长也同意。
>
> 合同签完后馆员说出了自己的主意。
>
> 在报上登出启示：
>
> 从今天起，市民可免费借阅图书，不限借书数量，但条件是从旧图书馆借阅的图书必须还到新图书馆。
>
> 结果，所有的费用不到30万英镑。
>
> （资料来源：https://www.sohu.com/a/313286559_694300）
>
> **讨论**：如果馆长不接受馆员的意见，你有其他办法可提供吗？

不难发现，创造性思维的特点是：敢于打破常规不受思维定式的约束。如果我们用常规的思维方式，可能是需要有专门的人来搬运这些笨重的书籍，当然要支付大量的酬金。而这个馆员通过逆向思维，花很少的钱做了宣传，并请一些人起带头作用，就达到了最终的目的。

▶▶▶ 二、几种常见的思维定式 ▶▶▶

（一）惯性思维

惯性思维，如同物理学上的惯性一样，指人们习惯于根据以往的经验，下意识地通过固定的套路和模式去分析和解决新问题，并暂时封闭了其他思考方向。

（二）权威思维定式

权威在现代社会中广泛使用，已成为彰显人、机构、组织、企业等实力的代名词，它代表着地位、实力、信誉、威望、权力。德国社会学家马克斯·韦伯认为，适当的权威能够消除混乱、带来秩序，而没有权威的组织将无法实现其组织目标。但是权威有时候也会扼杀人们的创造力。

权威思维定式是指盲目迷信权威，失去了独立思考的能力，不敢怀疑权威的理论或观点。权威思维定式包括很多方面，如以书本为出发点的书本式思维定式、模仿或抄袭已有经验的经验式思维定式，以及领导权威、明星权威、学术权威、媒介权威等。

（三）从众思维定式

从众思维定式指没有个人主见和独立性，人云亦云，盲目随大流的思维模式。

思维火花

一天，苏格拉底替一个生病的朋友带一节课，当拿着一个橘子走进教室时，学生们全都愣住了，因为他们是在猜不透老师要做什么。苏格拉底并没有对自己手中的橘子多做解释，而是直接站在奖台上讲授课程。在讲到一半的时候，苏格拉底突然问道："你们有没有闻到橘子的香味？"面对苏格拉底的提问，学生们非常吃惊，因为他们不知道老师为什么要问这个问题。学生们开始窃窃私语，他们想搞懂老师的意思。但是，没等学生们商量出一个统一的答案，苏格拉底就从前排开始一个个提问。第一个被问到的学生犹豫了一下说道："我闻到了橘子的香味。"第二个学生在回答的时候也犹豫了一下，他想到第一个回答问题的人坐得跟自己一样近，他闻到了，那么自己也应该闻到，于是他也答道："是的，我也闻到了橘子的香味。"绝大多数学生的回答和前两个学生的意思一致，即他们都闻到了橘子的香味。因为他们觉得别人都闻到了，自己也应该闻到，虽然他们中根本就没有一个人闻到橘子的香味。然而，真理往往掌握在少数人的手里。有一个学生回答得与大家截然不同："不，我没闻到橘子的香味！"他就是柏拉图。

在教室里问了一圈的苏格拉底回到讲台上说道："这是一个我清晨从树上摘下来的橘子，我摘下来的时候它上面还沾着露珠，我用鼻子嗅了嗅，它散发出来的香味比鲜花还要浓郁，可是现在竟然有一个同学闻不到，这是多么可悲的一件事情呀！我赠你香味，你却闻不到！"

话音刚落，苏格拉底就把目光投向柏拉图。但是，柏拉图在众人注视下并没有低下头，而是起来用肯定的声音回答道："老师，我真的没有闻到橘子的香味。"

"你的鼻子是不是有点问题，怎么全班同学都闻到了，就你一个人没有闻到？你站到讲台上来，仔细闻一闻，看这个橘子到底有没有香味！"苏格拉底有点生气地大喊道。

柏拉图听了苏格拉底的话之后，果真走上了讲台。他将头凑到橘子前闻了闻后，再次用肯定的声音回答道："老师，我真的没闻到橘子的香味，是不是这个橘子有问题？"

看着这个学生一脸的质疑，苏格拉底彻底露出了笑容，说道："你的回答是正确的，你的怀疑也是有根据的，因为这是一个假橘子，我只想考察一下谁能够将正确的意见坚持到底！"

这个事例表明，具有从众思维定式的人，人云亦云，可能会得出错误的结论。

（四）直线型思维定式

直线型思维定式是指按定向顺序排列的、单维的思维方式，但同时也被认为是以最简洁的思维历程和最短的思维距离直达事物内核的最深层次的一种思维方式。

（五）自我中心思维障碍

自我中心思维障碍是指想问题、做事情完全从自己的利益与好恶出发，主观武断，不顾他人的存在和感觉。

三、思维定式的影响及克服方法

思维定式具有两重性，有利有弊。但在多数情况下，思维定式表现出一定的消极性，人们过分依赖以往的经验，产生惰性思维或思维惯性，从而限制了自己的想象力和创造空间。为了克服思维定式的负效应，突破思维障碍，应该有意识地从以下几个方面入手：

（1）了解自己的思维定式。通过自我观察、反思和学习，发现自己的思维定式，了解自己的弱点和局限性，为创新思维的培养奠定基础。

（2）多角度思考问题。在解决问题时，多角度思考能够帮助我们摆脱思维定式，发现不同的解决方案。例如，可以从不同的角度、不同的思考方式、不同的时间和空间维度入手。

（3）探索未知领域。尝试了解未知领域，接触新鲜事物，从未知到已知的过程可以激发我们的好奇心，帮助我们突破思维定式，开拓新的思路。

（4）多元化学习。学习新的技能、知识、语言等，可以让我们的大脑更具弹性和适应性，能够更好地应对未来的挑战，同时也可以开阔我们的视野，拓宽我们的思维方式。

（5）跳出自我限制。突破思维定式需要勇气和自信，要敢于尝试和创新，同时要拥有足够的自信和决心，跳出自己的舒适区，挑战自己。

思维训练

1. 在荒无人烟的河边停着一只小船，这只小船只能容纳一个人。有两个人同时来到河边，两个人都乘这只船过了河。

请问：他们是怎样过河的？

2. 篮子里有 4 个苹果，由 4 个小孩平均分。分到最后，篮子里还有一个苹果。

请问：他们是怎样分的？

3. 一位中年人在茶馆里与一位老头下棋。他们正下到难分难解之时，从外面跑来了一位小孩，小孩着急地对中年人说："你爸爸和我爸爸吵起来了。"老头问："这孩子是你的什么人？"中年人答道："是我的儿子。"

请问：这两个吵架的人与中年人是什么关系？

4. 已将一枚硬币任意抛掷了9次，掉下后都是正面朝上。现在你再试一次，假定不受任何外来因素的影响，那么硬币正面朝上的可能性是几分之几？

5. 有人不拔开瓶塞，就可以喝到酒。请问：你能做到吗？

注意：不能将瓶子弄破，也不能在瓶塞上钻孔。

户外拓展

1. 齐眉棍游戏。

参加人数：6~15人一组。

活动时间：30分钟。

活动目的：培养团队成员的协作精神和配合度。

活动规则：全组每人伸出一根手指托住同一根塑料棍，并将塑料棍调整至该组最矮的人的眉毛的高度，然后大家一起同时下降，缓缓将塑料棍往下移，一直至地面。在整个过程中，该组不许有人将托住塑料棍的手拿开。一旦该手脱离该塑料棍，则游戏失败，需要重新开始。

2. 塞车。

参加人数：12~16人一组。

活动时间：30分钟。

活动目的：培养团队精神、学习人际互动与沟通协调。

活动规则：将所有垫子摆成一排，该组人员从头尾两侧依序往中间站上垫子（最后中间会剩下一个空位），就定位后依序将头尾两方人员位置对调；在此过程中，垫子不可移动，人员移动时，脚要在垫子内，且所有人员只可前进一步或跳一格前进，不能后退，也不能跳两格前进，如此反复下去，直到完成；如双方前进时发生碰撞，则游戏重来。

脑力激荡

1. 倒霉的珠宝商。

一位老板打扮的人到珠宝店买了一个价值70元的珍珠项链，他付了100元纸币，因店里没有零钱给他，珠宝商到隔壁的鞋店换开零钱之后找回30元。不一会儿，隔壁鞋店的小伙计又把那张100元纸币送回来，说是假的要退换。这时那位老板打扮的人已拿着珍珠项链和找回的30钱元无影无踪了。珠宝商没有办法，只好自认倒霉，退赔鞋店100元。

请分析一下：珠宝商究竟损失了多少钱？（注：不是200元。）

2. 失踪的十文钱。

有三个秀才同一天去赶考，并在旅店投宿。房价每间300文，三人合住一间房，每人向店老板付了100文钱。后来老板见三人可怜，便优惠了房费50文，让店小二拿着还给三个人，店小二心想："50文钱，三个人如何分？不如自己拿走了20文，再将剩下的30文还给三个秀才。"

每个秀才实际各付了90文，合计270文。加上店小二私吞的20文，等于290文。

请分析一下：还有 10 文钱去了哪里？

3. 图形联想练习。

下面这个图形像什么？你说出的越多，证明你想象力越丰富。

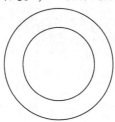

那么，下面这个图形又像什么？

第三章 形象思维

形象型思维是三大思维体系之一。形象型思维是主要依靠右脑来进行的思维活动,是一种多回路、多渠道的思维方式,包括联想思维、想象思维、灵感思维、直觉思维等。

形象型思维分初级和高级形式。初级形式称为具体形象思维,是运用事物的具体形象以及对具体形象进行联想创造的思维方式。高级形式称为语言形象思维,即通过语言的刺激,能在脑海里再现相对应的形象和场景,具有抽象性和概括性的特点。

形象性是形象型思维的基础。形象型思维是对事物形象的反映,是由感官直接感知事物的图形、图像等。

形象型思维可以借助材料整合成一个新的形象,呈现出形象的立体性。形象型思维可以使思维主体迅速从整体上把握住问题,但思维的结果可能是或然性的,有待于逻辑的证明或实践的检验。

形象型思维是对问题的定性或半定量把握,而不是细致分析,所以形象思维通常用于问题的定性分析。在日常创造性活动中,往往需要将形象思维与抽象思维进行结合,加强思想的碰撞。

第一节　联想思维

▶▶▶ 一、联想思维的内涵 ▶▶▶

联想思维是指由一事物想到其他事物的思维方式。简单而言,联想思维可以帮助我们探索事物之间共同或类似的规律,从而找到解决问题的方法。联想的妙处就在于使我们可以"从一而知三"。运用联想思维,由"速度"这个概念,我们的头脑中会闪现出呼啸而过的飞机、奔驰的列车、自由落体的重物等。

联想思维人人都有,但每个人对周围世界的感知不同,联想思维的强度和深度也有差别。为了通过联想达到发明创造的效果,应当在学习和生活中培养联想能力。

二、联想思维的分类

（一）相似联想

相似联想是指由某一事物想到与它功能、结构、外形等相似的其他事物，进而进行创造性思考。例如：

钢笔——？　　　　床前明月光——？
水杯——？　　　　粉笔——？

> **典型案例**
>
> **助跑器的由来**
>
> 　　过去，短跑都是站着起跑的。澳大利亚短跑运动员舍里尔曾经为短跑成绩停滞不前而苦恼。他观察袋鼠虽然拖了个大袋子，可是它时速可达50千米，跳远一步达13米。舍里尔发现袋鼠跑跳前总是先向下屈身，把腹部贴近地面，然后一跃而起。舍里尔模仿袋鼠，发明了蹲式起跑，在1896年的奥运会上创造了优异成绩。后来，许多运动员仿效。如，另一位运动员布克在起跑线上蹲下的地方挖一个小小的浅坑，一只脚放进浅坑，起跑时脚一蹬，便箭一般冲射而出，取得了100米短跑不到10秒的成绩。以后，所有的赛跑运动员都采用了蹲式起跑，于是田径运动场上出现了助跑器这种产品。
>
> （资料来源：https://www.xjishu.com/zhuanli/07/202120547783.html）
>
> **讨论**：你还有什么妙法，可以有助于运动员赛跑提速？

（二）对比联想

对比联想，是指由一事物想到和它具有相反特征的事物，即能想到该事物的对立面。例如：

光明——？　　　　苦——？
细心——？　　　　勤劳——？　　　　人声鼎沸——？

> **思维火花**
>
> 　　万物生长靠太阳，这是人人皆知的事情。一些农艺家由此产生联想：既然农作物在白天靠阳光生长，那么到晚上是否要靠月光生长呢？经过长期的研究，得到意想不到的结论：万物生长也得益于月亮。一轮明月高悬于天，大约有0.25勒克斯的光强（相当于40瓦电灯在15米处的亮度）照射大地。虽然月光如镜，但却给许多植物带来勃勃生机。例如：向日葵、青豆、玉米一类植物，它们在发芽几厘米时，若沐浴月光，就长得很快。月圆前两天种下的玉米，比月圆后两天种下的长得更快。新月时种下的豌豆，比平时种的更易凋谢。采摘核桃时，如果在满月时打落，不仅油脂丰富，还易于消化。在下弦月后采摘的果实、收获的庄稼，好像是经过"净化""消毒"处理一样，容易储存保管。于是，农艺家们建议，在播种收获农作物时，除了按季节、节气外，最好还考虑月亮的阴晴圆缺。这就是"月光农业"。

（三）关系联想

关系联想是指利用事物或现象之间存在的某种相关关系进行的联想。例如：由医院想到医生，或由医生想到医院，等等。关系联想与以下因素有关：

（1）刺激的强度。如提到过年，可能想起烟花和饺子，因为那种温馨和团圆的景象会刺激我们想到与过年有关的事物。

（2）联系的次数。事物间的联系是经常重复、相对固定的，常易彼此引起联想。如我们常把灭火和消防员相提并论，由灭火想到消防员，由消防员想到灭火，等等。

（3）联系形成的时间。新近形成的联系，常占优势。对一件事物的感知或回忆常可引起和它新近形成联系的事物的联想。例如，提到小说，常会想起最近读过的一本小说。最初或最早形成的联系，有时也占优势。

（四）强行联想

强行联想是在看上去无关的事物之间寻找内在联系，对其概念或属性进行细致拆分，再进行强制连接的思维方式，从中或许会获得新的观点或新的设想。

设计一把椅子，如何能从一朵花上汲取启示？

世界上任何事物无不处于普遍联系和变化发展的矛盾运动之中，看似无关的事物也能构筑起关系。在现代创新技法中运用强行联想，可以把不同的事物重新组合，根据实际情况和具体需要加以调整、改造、完善，构成一种崭新的创造性设计。

> **思维火花**
>
> 日本东芝电器公司设计和制造的旋转万能X射线电视透视台，背卧位能够旋转300°和-90°，由遥控任意选定病人的体位，在起、倒的任何角度上，X射线管、增强器、电视装置和病人紧密地联系在一起。整体格局一反常规的对称平衡设计，将环状框架和平板卧位相结合，进行动态均衡设计。局部格局一反常规的动态均衡设计，以环状框架为中心轴对称布置X射线装置、增强器、电视装置，作对称平衡设计。全局和局部之间，以统一的形态、材质、色彩做过渡和呼应。整组设备不仅呈现出稳重感和安定感，而且呈现出轻巧感。不仅方便病人和操纵者，而且渲染了宁静、亲切、安全、精密的环境氛围。该旋转万能X射线电视透视台的整体设计运用了强行联想，开发性地重新组合了X射线透视机、电视摄像机、可调节手术台三大原本看似毫无关联的主要设计。

（五）仿生联想

仿生联想是根据自然界的启发，仿照生物体的生理机能和结构特性进行系统化的创造。例如：

野猪——？　　蝙蝠——？
小鸟——？　　鲨鱼——？　　萤火虫——？

> **思维火花**
>
> 人们生活中的很多物品是从大自然中的植物或动物等处获得灵感而发明的，比如潜水艇。为了让一种船既能在水面划，能又在海底游，研究者观察到了鱼这种动物。鱼肚中有一种东西叫鱼鳔，里面装满了空气。在鱼想潜到水底时，将鱼鳔中的空气排出，浮力就立刻变小了，鱼可自由地沉下水面。科学家按这个原理制造了潜水艇。潜水艇中也有一种机器，里面也装满了空气，将空气一排出，潜水艇便能沉下水底。生活中若没有动物，人类将会失去很多发明的机会。可以说，动物对人类生活也有很大的帮助。

三、联想思维的特点

（一）流畅性

联想思维的流畅性，即看到或想到一事物时，可以不停地想到很多事物。比如，可以从天空想到与之相关的很多事物：太阳、云朵、小鸟……

（二）联结性

联想思维是把看似相关或者不相关的事物结合，从而建立新的关联，进行新的创造，其联结方式具有连续的跨越性。

（三）非逻辑制约的畅想性

思维在联想时会发挥非逻辑制约的畅想功能，其"畅想"包含着想象甚至是幻想、空想。例如，在战争中，一位工程师从一位士兵将铁锅扣在头上，最后只受了轻微擦伤联想到利用铁锅制作钢盔，从此军用钢盔得以问世。

四、联想思维的作用

（一）有利于创造性思维的发展

正如俄罗斯生理学家马格里奇所言："独创性常常在于发现两个或两个以上研究对象或设想之间的联系或相似之处，而原来的这些对象或设想彼此没有关系。"联想思维是创造性思维的重要手段，通过对不同事物之间的比较和联系进行发掘，可以启发人们的创造性思维，开发新的想法和概念。

（二）帮助学习与记忆

联想思维可以帮助人们更好地学习和记忆知识。将新的知识和已有的知识进行联系和比较，有利于更加深入地理解和记忆知识。当接收到刺激时，大脑立即想起与刺激物相关的物体的图像，使用类似的联想，比如由春雨想到牛毛等。

（三）启发解决问题

对问题进行分析，找到问题和已知事物之间的联系和相似之处，可以想到解决问题的创意和方案。联想思维可以运用在我们的日常生活中，让我们想到很多解决问题的方法。训练联想思维常见的一种方法是，拿出一张A4纸、一支笔，在A4纸的中间写下关键词，展开联想。联想的实质就是理解一个事物的全部特征，然后找到与它的某一特征或者几个特征相同的事物。

> **思维火花**
>
> 贝普最新研发的胰岛素针头蜂鸟针的设计也参考了大自然中飞行速度最快也是体型最小的鸟——蜂鸟。一直以来，研发人员一直致力于让胰岛素的注射更加无痛，偶然间研发人员了解到蜂鸟，研发专家对蜂鸟薄而长的鸟喙产生了浓浓的兴趣。蜂鸟鸟喙呈椎体结构，在鸟喙的尖端聚焦成为细细的一点，这样就能保证在吸取花蜜的时候不会损伤花蕊，同时，蜂鸟鸟喙并不是像大多数人想象得那样光滑无比的，反而有一个又一个的凸起，经研究发现，这些凸起有助于蜂鸟在高速飞行的时候减少空气阻力。而贝普利用仿生学原理，参照蜂鸟的这些特点，研制了"蜂鸟针"，如图3-1所示。
>
>
>
> 图3-1 蜂鸟针

（四）启发产品创新

对不同领域和不同产品进行比较和联系，可以启发产品的创新和改进，开发出更加有竞争力的产品。

比如，目前的定向爆破技术，能将一幢高层建筑炸成粉末，同时又不影响旁边的其他建筑物。医学家们由此联想到了医治病人的肾结石，这种在医学上被称为微爆破技术的治疗手段，为众多肾结石病人解除了病痛。

五、联想思维的培养

（一）保持好奇心

平时应该对任何事情都保持好奇心，并且养成良好的联想习惯。比如，看到鱼，可以想到鱼的品种，进而可以联想到鱼的颜色、味道，以及鱼作为一种食材，如何做最好吃，再联想到自己在做的是糖醋鱼，还是清蒸鱼，又联想到各种自己以前吃过的鱼。

（二）实践

把自己的生活积累用于社会实践之中，积极参加各种活动，在活动中积极开动脑筋，勤于思考，不论遇到什么事情都自己思索解决问题的方案，并且付诸实践。这样经过长期积累，就会提高自己的思维能力。特别是对于别人已经解决的问题，如果能够有意识地训练自己想到更多的新的解决方法，就能让自己的联想能力提高得更快。

（三）积累

多看多听多读可以帮助人们积累更多的知识和信息，从而拓宽联想的范围。当需要进行联想思维时，可以将已有的知识和信息进行比较和联系，从而找到新的想法和创意。

（四）交流沟通

与人交流可以帮助我们从不同角度看待问题，并获得新的想法和思路。可以与同学、朋友、老师或专业人士进行交流，从而拓宽自己的联想范围。

第二节　想象思维

▶▶▶ 一、想象思维的内涵 ▶▶▶

所谓想象思维，就是人脑对客观事物的表象加以主观改造的思维方式。想象不需要逻辑，但它是创新的出发点，也是创新思维的核心。通过想象思维，人们可以对表象简单再现，以形象的形式实现对客观事物的超前认知。人类进行实践活动，总是先在大脑中形成未来活动过程和期望结果的形象，并利用它指导和调节自己的活动，实现预期目标和计划。

想象思维虽然来源于客观世界，但是又会高于客观世界。它本质上是对客观事物和规律的一种反映、提炼、升华和概括，不属于单纯直观的感性认识阶段，而属于经过提炼之后的理性认识阶段。

> **典型案例**

> **莱特兄弟与他们制造的飞机**
>
> 　　美国的莱特兄弟是人类历史上第一架动力飞机的设计师（图3-2），他们为开创现代航空事业做出了巨大的贡献。他们的故事在全世界广为传颂。
> 　　哥哥威尔伯·莱特出生于1867年4月，4年后，弟弟奥维尔·莱特出世。年幼时，这对兄弟俩就已经显出对机械设计、维修的特殊能力。他们善于思考，富于幻想，每当他们闲暇时，兄弟俩要么讨论某一个机械的结构，要么就去看工匠们修理机器。他们手艺精巧，还经常做出有创新意义的小玩具，比如会自由转弯的雪橇等。
> 　　一天，出差回来的父亲给莱特兄弟带来一件礼物：一个会飞的蝴蝶玩具。父亲轻轻地给玩具上了上劲，小东西便在空中飞舞起来。小兄弟俩高兴得不得了，但是他们觉得它飞得不够远，于是仿造玩具的样子又做了几个更大的。这些仿制品有的能够飞越树梢，有的飞了几十米远，但兄弟俩的一个尺寸很大的仿制品却失败了。但这没有让他们难过，反而激起了兄弟俩制造飞机的念头。

1894年，莱特兄弟在代顿市开了一家自行车铺。由于他们俩工作认真，手艺好，再加上价格公道，店铺的生意兴隆。富有创新精神的莱特兄弟当然不会满足于这些，他们不愿终生与这些自行车零件打交道，于是，他们决定去实现童年时的梦想。

莱特兄弟造飞机的想法得到了斯密森学会的赞赏。副会长写了一封热情洋溢的信件，并寄来了好多参考书。兄弟俩大受鼓舞，一有时间，他们就钻入书堆内如饥似渴地饱读着航空基本知识。很快，他们有了造飞机的能力。

1900年10月，他们的第一架滑翔机试飞了，但是，试飞的结果不尽如人意，飞机只能勉强升空而且很不稳定，问题出在哪儿呢？经过认真的分析他们才知道，原来他们所沿用的前人的数据有理论上的错误。于是，他们制造了一个风洞，以便通过实验修正数据，设计飞机。这个风洞仅仅是一个6尺长、每边12寸①宽的木箱，箱子的一端，鼓风机以一定的速度向里吹气。与现代的高速风洞相比，它真是简陋至极，然而就是这个小小的辅助工具帮了兄弟俩大忙，他们通过它得出了许多新的结论。根据它，兄弟俩设计出的第三架滑翔机获得了成功，无论是在强风还是微风的情况下，它都可以安全而平稳地飞行。

滑翔机的留空时间毕竟有限，但假如给飞机加装动力并带上足够的燃料，那么它就可以自由地飞翔、起降。于是，兄弟俩又开始了动力飞机的研制。

莱特兄弟废寝忘食地工作着，不久，他们便设计出一种性能优良的发动机和高效率的螺旋桨，然后成功以把各个部件组装成了世界上第一架动力飞机。

图3-2　莱特兄弟与他们制造的飞机

（资料来源：https://www.yjbys.com/lizhi/gushi/844220.html）

讨论：莱特兄弟的故事，给了你什么启示？

▶▶▶ 二、想象思维的分类 ▶▶▶

按照有无目的及自觉性划分，可以把想象思维分为无意想象和有意想象。

（一）无意想象

无意想象是指没有特定目的，不受意识主体支配的想象，是想象的简单、初级形式。我们的梦境就属于一种无意识想象，是由我们的大脑在睡眠中无意识产生的。在梦境中，

---

① 1寸=3.33厘米。

我们经常会看到各种奇怪的场景和人物，这都是我们的大脑自动构建出来的，我们很难预见到下一秒会发生什么事。同时，我们也无法通过自己的想象来明确这个梦境有什么样的目的，有什么样的意义。

冥想是一种古老而有效的无意想象。通过它，人们可以平静心灵、提高专注力和创造力。许多人发现，冥想可以帮助他们进入一种更深层次的意识状态，以获得灵感、洞察力和直觉。

第一，找一个安静、舒适的环境，保持舒适的姿势。

第二，闭上双眼，深呼吸几次，放松身体和心情。

第三，想象自己置身于一种美丽的场景中，比如海边、山间、花园等，想象自己看到周围的景色，感受自然的美好和宁静。

第四，想象自己在这个场景中呼吸新鲜的空气，感受空气中的能量和活力。

第五，想象自己在这个场景中做一些简单的运动，比如散步、练瑜伽等，感觉身体变得更加放松和自由。

第六，坚持冥想 10~15 分钟，慢慢地增加时间，直到可以坚持半小时或更长时间。

通过冥想式思维法，可以获得思维升华，可以提高自己的专注力和创造力，并获得更加丰富的心灵体验。

（二）有意想象

有意想象是指有意识的、受意识支配想到一些特定的事物或情境。这种想象通常是为了解决某些问题、达成某些目标或满足某些要求。有意想象属于想象的高级形式，具有一定的预见性、方向性。有意想象具体可以分为再造想象、创造想象和幻想想象。

1. 再造想象

再造想象是指根据语言文字的描述或图形、图样、符号的示意，而在头脑中产生形象的思维活动。再造想象的形成要求有充分的记忆表象做基础，表象越丰富，再造想象的内容也就越丰富。例如：文学艺术家在头脑中构思出的人物形象；人们一想到《卖火柴的小女孩》的故事，头脑中就会浮现出小女孩卖火柴的场景……

再造想象可以用来推动发明创造，这一点体现在许多发明上。例如，菲涅尔透镜和许多其他的发明，都是采用了再造想象来进行的创新。这些发明家结合他们所拥有的知识，采用再造想象来设计他们的创意，实现了他们的创新。再造想象并不仅仅针对发明创造，也可以被用在其他领域中。比如，在文学方面，一位作家可以结合现有的文学元素，利用再造想象来构建他们的故事，产生一个新颖的故事情节，在艺术领域，一位艺术家可以利用再造想象来结合不同的元素，创造出令人惊叹的作品。

再造想象是创造力的一种，它有助于我们打破常规的思维模式，让我们有更多的创新思想，从而实现更多的创意实践。同时，它也可以说是一种"把旧的变新的"的思维方式，它使我们能够从一些原有的想法中把一些新的元素抽取出来，运用它们来创新，实现更大的创意。最后，再造想象使我们能够更好地利用我们对技术的认识，以及我们对自然界的认识，获得更多的可能性，实现更大的创新。

2. 创造想象

创造想象是以已有的知识、经验为基础，按照自己的创见，独立地创造出新形象的思维活动。创造想象在创造性活动中发挥着重要作用，实践是激发想象思维的动力，表象储备是激发想象力的基础,积极的思维是创造想象的关键。

> **思维火花**
>
> 苯由 C、H 两种元素组成,其蒸气的密度是同温同压下 H_2 的 39 倍。分子的六个碳原子和六个氢原子都在一个平面内,因此它是一个平面分子。六个碳原子组成一个正六边形,碳键长是均等的。
>
> 经过法国化学家日拉尔等人的精确测定,苯的相对分子质量为 78,分子式确立为 C_6H_6。
>
> 苯分子发现在有机化学的初期,当时对有机物的结构并没有非常先进的测量方法,虽然可以通过燃烧法确定有机物的元素组成并确立化学式,但是分子内部的结构很难推断。
>
> 德国化学家凯库勒是一个富有想象力的学者,他提出了苯的六个碳原子形成闭状环链,即平面闭链各碳原子之间存在单双键交替形式(图 3-3)接成链这一重要学说。 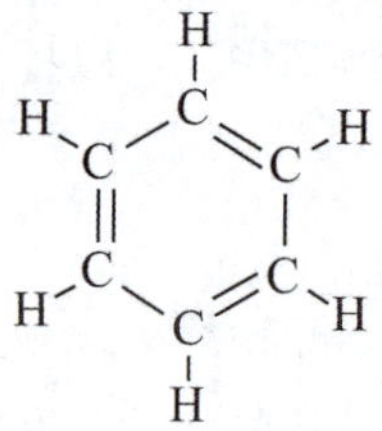
>
> 图 3-3 苯的分子式

3. 幻想想象

幻想想象是指向未来的,并与个人愿望相联系的想象。它反映了人们对美好生活的理想向往境界,是人们探寻真理的指导。

> **思维火花**
>
> 地球以外的宇宙空间,一直是人类各种幻想的源泉。人类开始用气球、汽艇和飞机飞行时,就想进入太空中探索,在星海遨游。火箭技术的发展,使上天有路、凌霄有梯,人类的幻想变成了现实。1961 年,是人类进入空间时代的开始。
>
> 1961 年 4 月 12 日,世界上第一颗载人地球卫星东方一号,由苏联的加加林驾驶进入轨道飞行。他在太空飞行 108 分钟,绕地球一周后胜利返回地面。这一伟大创举,轰动了世界,证明人类可以征服太空。
>
> 2003 年 10 月 16 日,神舟五号载人飞船在环绕地球 14 圈,飞行 21 小时 23 分后,成功降落在内蒙古四子王旗主着陆场,航天英雄杨利伟安全凯旋。至此,我国也成为世界上第三个独立掌握载人航天技术的国家。
>
> 2022 年 11 月 29 日,搭载神舟十五号载人飞船的长征二号 F 遥十五运载火箭在酒泉卫星发射中心点火发射,神舟十五号载人飞船与火箭成功分离,进入预定轨道,飞行乘组状态良好,发射取得圆满成功。

有意想象和无意想象是我们日常生活中常见的两种想象。有意想象通常是有目的和方向的，是为了解决某些问题、达成某些目标或满足某些需求；而无意想象通常是无意识的，是由我们的大脑自动产生的，没有特定的目的和方向。无论是有意想象还是无意想象，都是我们大脑想象力的一种表现，是我们认识和理解世界的重要手段。

三、想象思维的特点

（一）形象性

想象思维是在头脑中塑造出各种各样的形象，即从旧的形象中分析出必要的要素，按照新的构思重新组合，创造出新的想象。比如，我们看到秋叶落下，可能想到诗词名句：言独上西楼，月如钩。寂寞梧桐，深院锁清秋。

> **思维火花**
>
> 古典名著《西游记》的作者吴承恩并没有亲自到过西天取经，也无法上天宫目睹神仙面目，更不可能见到各种妖魔鬼怪的模样。而他能生动地描述师徒四人取经途中遇到的形态各异的人物，这就是他运用了想象的"形象性"。想象思维的过程和结果生动活泼，这一特点完全区别于逻辑思维。

（二）概括性

想象思维可以概括出一类事物的普遍特征，并从普遍特征中创造新形象，即利用头脑中的记忆进行加工和抽象性地发散，组合成新的物体或原理。比如，我们经常从某部影视作品中看到自己的生活。这就是作品在创作过程中故意突出某些特点，从更典型、更一般的角度去反映这个年代的人的思想和生活。再如，鲁迅创作的阿Q，总是以精神胜利法来说服自己，逃避悲惨的现状。阿Q这个人物形象就是作者对当时那个年代大多数人的一个概括性描写。

（三）超越性

想象思维可以超越时间、空间和感官的限制，是对客观现实的超前反映，从而创造出新事物和新技术。超越性也是想象思维最宝贵的特征，它可以超越已有的记忆表象的范围而独立创造出各种新事物，这正是人脑具有创新性的体现。长城、运河在祖国大地上构成一个大写的"人"字，长城是"阳刚的一撇"，运河是"温柔的一捺"，而这个"人"字即便是用飞机航拍也是无法拍摄的，需要调动想象来"书写"。

四、想象思维的作用

（一）主导作用

在无数发明创造中，我们都可以看到想象思维的主导作用。发明一件新的产品或开始一个新的设计，一般要在头脑中想象出新的功能或外形，加以扩展或改造。例如，一名建筑师在设计产品时，要在头脑中想象建筑的外观及内部结构，需要想象力；一名小说的作者在动笔前要在头脑中虚构并未发生的故事情节，需要想象力；一名音乐作曲家在头脑中

不断地将音符进行组合，直到形成一段美妙的旋律，需要想象力；一名画家在头脑中模拟各种色彩的搭配和图画中各个图景的布局，需要想象力；日常生活中，人际交往时合理利用想象力可以让沟通更顺畅；在家中烹制不同口味的菜肴，也需要想象力。

那么如何发挥自己的想象力呢？德国二十世纪哲学家雅斯贝尔斯（Jaspers）曾经说过："眺望风景，仰望天空，观察云彩，常常坐着或躺着，什么事也不做。只有静下来思考，让幻想力毫无拘束地奔驰，才会有动力。否则任何工作都会失去目标，变得烦琐空洞。谁若每天不给自己一点做梦的机会，那颗引领他工作和生活的明星就会暗淡下来。"

思维火花

1922年，美国一个年仅16岁的中学生费罗在黑板上画着一幅莫名其妙的草图，老师问他画的是什么，他指着那幅草图说，他要发明一个能通过空气来传输图像的东西。老师听了之后目瞪口呆，要知道在当时，即使是无线电收音机，对于人类而言也还是十分惊奇的东西，而16岁的费罗竟然异想天开地想发明传播图像的东西，这样的想象力确实让人感到难以理解，如同天马行空般。

然而4年之后，费罗在一个实业家的资助之下，开始为实现自己美不可言的想象而专心工作，并且不久以后，发明了一种名叫"电视机"的电器。

（二）主干作用

歌德曾说："身体对创造力有极大的影响。过去一个时期，德国人常把天才想象为一个矮小瘦弱的驼子。但是我宁愿看到一个身体健壮的天才。"创新思维强调的是结果的新颖性，需要在已有表象的基础上，进行加工或改组。想象思维不仅在具体实践中发挥着重要的作用，而且贯穿于创新思维方法的全过程，比如，灵感思维和顿悟思维也离不开想象思维。

思维火花

韩信是我国历史上有名的将领。有一天，刘邦想试一试韩信的智谋。他拿出一块五寸见方的布帛，对韩信说："给你一天时间，让你在这上面尽量多画士兵。你能画多少兵，我就给你带多少兵。"站在一旁的萧何想这块小布帛，能画几个士兵？急得暗暗叫苦。不想韩信却毫不迟疑地接过布帛就走了。第二天，韩信按时交上布帛，上面虽然画了些东西，但一个士兵也没有。刘邦看了也大吃一惊，心想自己确实小看了这个人。于是就答应把全部兵马交给韩信，让他挂了帅。原来，韩信在布帛上画了一座城楼，城门口战马露出头来，一面"帅"字旗斜出。虽没见一兵一卒，却可想象到千军万马。

（三）灵魂作用

运用想象思维可以让作家和艺术家创作出震撼人心的作品，可以让工程师设计出前所未有的宏伟建筑，可以让读者和观众在欣赏作品时沉浸其中。想象是艺术创作的翅膀，很多超凡脱俗的艺术作品都是自艺术家魔幻般神奇的想象中来，这种想象也是艺术家创作的灵感。特别是抽象主义艺术和超现实主义艺术，通过想象产生灵感进而创作表现得更为突出，如毕加索的《格尔尼卡》、达利的《弯曲的钟表》等，都是画家将神奇想象融入艺术创作的结晶。艺术家的想象是建立在艺术修养和艺术实践积累基础上的。

五、想象思维的培养

（一）强化创新意识

人的目的需要系统决定了人的思维积极性和活跃性。小的时候，我们的精神世界里只有自己，甚至认为整个世界都要围着自己转，所以思想上天马行空，无拘无束。但随着年龄的增长，知识与见识的增加，我们会被自己的思维限制，从而不敢创新。这种对创新的胆怯不是显性到谈"创"色变那种，而是隐藏在个人潜意识当中的，压根就没有想要解决问题的想法。而要破除这种观念，首先要解放自己的思想，要敢去想，敢去质疑，敢去挑战权威。这是培养创新思维的第一步，是自己和自己谈判的过程。

（二）学会大胆假设

对于一个人想象力的培养而言，大胆假设往往是至关重要的。我们遇到问题时，可以找一个关键点来不断向四周发散思考，想象相关联的事物，善用思维导图，不断发散思维。例如：假如没有A，会如何？假如这样做，会怎么样？假如……

经过长期的训练，我们的发散思维能力会更强，也会产生很多以前想不到的创意和写作的内容。

（三）积累知识经验

想象不是凭空产生的，必须以丰富的知识、经验为基础，利用感知所形成的表象创造出新事物或新方法。没有以知识与经验为基础的想象只能是空想。既然知识对想象力的培养很重要，那么怎样扩大知识面呢？最重要的就是加强阅读。阅读是对想象的最好训练，是培养想象能力的有效措施，只有尽可能地广泛涉猎各类学科，才能在大脑中贮备尽可能多的表象。

> **思维火花**
>
> 人们常常感叹大发明家爱迪生的想象力之丰富，殊不知爱迪生从小勤奋好学，10岁时就阅读了《美国史》《罗马兴亡史》《大英百科全书》，11岁时就阅读了牛顿的一些著作，以后又阅读了诸如电学家法拉第等人的著作。他从小涉猎的各种书籍，积累的丰富的科学知识，为他以后发挥超常的想象力产生2 000多项科学发明打下了坚实的基础。实践也证明，知识经验越广博、丰富，想象力的驰骋面就越广阔。

（四）善于运用"想象区"

当我们进行日常学习和工作时，常用的是我们大脑的三个区：感受区、贮存区、判断区。当我们想象某事物时，才会用到想象区，而想象区一般只被动用15%左右。科学家之所以具有丰富的想象力，能够捕捉该事物与头脑中经历过的事物之间的特征和属性的关联，就是因为他们大脑中的想象区经常处于一种积极的兴奋状态，善于想象构思。

> **思维火花**
>
> 　　近代化学之父道尔顿为了创立著名的新原子论，曾坚持57年如一日地进行气象观测，写下了20万项的各种数据。当然，在观察过程中还要勤于思考，并进行尽可能多的实践活动，在实践中观察，在观察中求得科学新知。
>
> 　　获得诺贝尔生物学奖的美国罗伯特·斯佩里博士提出了大脑两半球各司其职、功能互补的观点。左半球的功能与理解能力相对应，右半球的功能与想象能力相对应。按照这一观点，通过参加智力竞赛、多参加手工活动等方法都可以起到开发大脑的右半球和发展想象力的作用。此外，还可学习精英特的速读方法来激发右脑潜能，培养想象力。

第三节　灵感思维

▶▶▶一、灵感思维的内涵▶▶▶

　　"灵感"一词源于古希腊文，已经沿用两千多年。灵感思维是科学发明创造的重要因素，很多文学家、艺术家、思想家、哲学家等通过灵感实践获得胜利而激动时，都会用最美好的词语对"灵感"大加赞赏。

　　灵感思维是人们在生产实践中，脑海里突然闪现某种新思想、新主意，突然找到过去长期毫无所获的解决问题的新点子，突然从纷繁复杂的现象中顿悟到事物本质的思维现象。灵感思维是思维最活跃的一种状态，和联想思维、想象思维一样，是人类的一种基本的思维形式，也是逻辑性与非逻辑性相统一的理性思维整体过程。灵感思维不是必然产物，而是人在思维过程中经过长期积累和艰苦探索的带有突发性和偶然性的创造性思维产物。

▶典型案例

吸油泵的发明

　　日本的一位创造学家讲述了他发明吸油泵的经过：

　　1942年，我正在麻布中学读二年级，发明的目的是孝敬我的母亲，向她表示我的爱心和孝心。在冬季一个冰冷的早晨，我看见母亲在厨房里，双手抱着一个巨大的1 800毫升的玻璃酱油瓶，她向桌上的小瓶子里倒酱油。现在使用的酱油瓶均改成手拿方便的、体积小的塑料瓶。那时却是又大又重的玻璃瓶，瓶口上也没有现在的那种方便倒出的小缺口，所以对一个妇女来说，向小瓶子里倒酱油不是一件轻松的事。冬天，厚厚的玻璃制成的大瓶子，连同里面的酱油一起被冻得冰冷，母亲的那双手不断颤抖，酱油洒了一桌子，但小瓶子里却没装进去多少。母亲弯着腰、低着头，努力地做着这件艰苦的事情，我看见她蜷缩的身影，心里很激动。平日里我一直想为母亲做一点事帮她的忙，这时我想："为了让母亲少受些苦，为了让她不抱个冰冷的大瓶子就能够轻松地将小瓶装满酱油，我一定要想一个好办法。"

于是我自己去图书馆，读了许多书，查了一些资料。在学习流体理论和原理的过程中，我了解了流体力学的虹吸现象，找到了解决问题的关键所在。

一旦找到了理论根据，就掌握了"合理性"。这个理论根据就是：当流体在管道内从高处向低处流动时，尽管中间有一段高出液体平面的管路，但一旦液体开始流动，液体就会不停地向低处流动，这一现象就是虹吸现象。

当然，只有这一点还是不够的。当用管子吸取大瓶酱油时，必须想办法把酱油吸到倒 U 形的管子的最高处，再使之向另一端的低处流，才能形成虹吸，使酱油自动地流入小瓶。向低处流的下坡是不成问题的，困难的是如何才能把酱油吸到管子的顶点，也就是"爬坡的问题"。当然也可以像一般人所想的那样，用嘴吸管子一端，将酱油吸过顶点后，再迅速将管口插入小瓶。但是用嘴吸的时候，轻重很难控制，很容易把酱油吸到嘴里或洒到外面。

"难道没有好的办法吗？"有一天我正在为这事冥思苦想的时候，突然目光落在桌子上自来水笔的墨水吸管上，脑子里一亮，来了灵感。我上中学的时候，所用的自来水笔与现在的不一样。向自来水笔里灌墨水的方法是，用一个带橡皮球的玻璃吸管从墨水瓶吸取墨水后，再注入自来水笔内。

这种自来水笔现在几乎已经见不到了，年轻的读者可能很多人都不知道。在这里我想简单地介绍一下这种墨水吸取管。吸取管由一根一端细一端粗的玻璃管和一个连在粗端的空心橡皮球构成，这是那时使用自来水笔必不可缺少的东西。将不带橡皮球的玻璃管细端插入墨水瓶，用手将橡皮球捏扁，松开手，墨水就会被吸入玻璃管中。再将细端插入自来水笔的上端，捏扁橡皮球，墨水就会注入笔内。这个墨水吸取管触发了我的灵感，找到了解决问题的方法：不用嘴吸管子口，也能把液体吸上来！于是我把吸取管的橡皮球取下来，再将一根喝汽水用的塑料管弯成 U 字形，在中间开了一个洞，把橡皮球用胶水固定在吸管的洞口上。但是这样做并没有成功，并没有把液体吸上来。

经过试验和思考，我明白了在吸管上必须有两个单方向通行的活瓣。经过多次的改造、试验，克服了许多困难，我终于成功地使吸上来的液体不再倒流回去，能顺利地连续流动了。

40 多年来，这项发明一直被家家户户所使用。

（资料来源：http://www.xuexila.com/naoli/chuangxinsiwei/92450.html）

讨论：主人公为什么能突然想到问题的解决方法呢？

以上案例中，主人公在寒冷的冬天，看到母亲艰难地倒酱油的情景，触发灵感，决定要创造自动吸油泵。自来水笔的墨水吸管又触发灵感，使他找到解决问题的方法。

灵感思维的研究经历了三个阶段：天赐神授论、天才特有的内在禀性和普遍存在的思维现象。

（1）天赐神授论。古希腊哲学家柏拉图说过，灵感是"神的诏语"。在今天看来，天赐神授论自然十分荒唐，但它抓住了灵感的一个关键性的重要特征：人们获得的灵感仿佛都来自身外，都是由于得到了某种神奇力量的启示和帮助。"天赐神授论"一直深深地支配和影响着人们对灵感问题的认识。在长达一千多年的时间里，灵感问题的研究一直受着唯心主义哲学和神学的控制，被披上了形形色色的神秘外衣，并被当作支持唯心主义哲学体系与神学体系的重要支柱之一。

（2）天才特有的内在禀性。从16世纪开始，西方人提倡以人为本，对灵感思维的研究也提出了与原有的神学思想相反的观点，认为灵感思维不是上天的指示与安排，与反对以神为本位的人本主义思潮相呼应，灵感问题的研究才逐渐摆脱了神学的控制，而被认为是天才和科学家特有的一种素质。这一理论的提出，有力地打击了神学对人们思想的控制，也为思想自由与文艺复兴提供了有力的理论支持。

（3）普遍存在的思维现象。灵感被认为是人人头脑中都曾以不同形式、不同程度出现过的一种极其普遍的思维现象，同时也是人人都能够自觉加以利用的思考方式和方法。有些人说自己从未出现过灵感，这主要是因为他还不了解究竟什么是灵感，因此往往会感受不深，把握不住。这样便不免会造成人们对灵感的理解众说纷纭：一些人感到获得灵感很容易，会觉得它似有似无，意义不大；一些人对灵感虽早已心向往之，却又感到它朦胧不清、虚无缥缈，可望而不可即；更有个别人根本不相信有灵感存在，视灵感之说为歪门邪道。

灵感的研究，既具有重要的科学意义，有力地推动思维科学向纵深发展，使人类早日攻下人脑这个最顽固的科学堡垒；又具有广泛适用性，具有巨大的实用价值，它关系着人类的智力资源的开发，关系着人们思维效率和思维能力的提高。尽管灵感这种思维现象极其复杂奇特，受现有科技发展水平的限制，人类对它的研究，总的来看，还停留在经验描述、现象归纳、揣测推论的阶段，谈不上已登堂入室。但经过不少学者多年来的艰苦探索，已取得一定成果。一个人从事复杂的脑力劳动，特别是从事复杂的需要发挥高度创造性的脑力劳动，如果能对灵感方面的知识有所了解，那对于他捕捉和利用灵感，将会大有好处。

▶▶▶ 二、灵感思维的特点 ▶▶▶

（一）突发性

灵感思维的突发性（偶然性），是指灵感往往不是经过深思熟虑，而是出其不意地在刹那间出现，是由完全想不到的原因诱发的。突发性（偶然性）也是灵感思维最基本的特征。

思维火花

爱因斯坦有一次在朋友家的饭桌边与主人讨论问题，忽然间来了灵感，立即拿起笔在口袋里摸纸，可是没摸着，于是他迫不及待地在新桌布上写起来。

（二）瞬间性

瞬间性，是指灵感思维往往以"一闪念"的形式出现，如果不及时抓住它，它可能永不再来。正是灵感思维的稍纵即逝，体现了灵感的珍贵性。

> **思维火花**
>
> 我国宋代苏轼的"作诗火急追亡逋，清景一失后难摹"即是对灵感这一特点的写照，因此灵感一旦出现就要立即抓住。例如，英国著名女作家艾米丽·勃朗特年轻时经常在厨房里劳动，她每次都带着纸和笔，随时把脑子里涌出来的思想（灵感）记下来。可见，随身携带笔和小本子，是捕捉灵感的一个好方法。著名的发明家爱迪生的衣兜里总是装着一个小本本，不论何时何地，每当脑际忽闪出思想的火花时，就即刻记在本子上。奥地利著名作曲家施特劳斯也十分珍惜灵感思维，他一生创作圆舞曲400余首。一次，他站在海边，望着平静的海面碧波万顷，转瞬却又惊涛拍岸的情景，感情洋溢，不知不觉地同乐曲联系起来……突然来了灵感，产生了一个妙不可言的音乐旋律。他拿出笔欲记时却没有带纸，于是毫不犹豫地脱下衬衣，在衣袖上及时记下了这个旋律。后来的不朽之作《蓝色多瑙河》就是在这个旋律的基础上完成的。再看科学巨人牛顿，有一天，他在街上走着走着猛然悟出一个公式，正好路旁停着一辆马车，他随即走过去扒在车厢后板上聚精会神地推算起这个公式，马车往前走，他也往前走，直到他跟不上了才反应过来，原来他竟把车厢当成了黑板。

（三）创造性

灵感思维是由于大脑皮层的高度兴奋，突然想到问题的解决方法，达到顿悟的一种心理状态。钱学森教授在《关于形象思维问题的一封信》中指出："光靠形象思维不能创造，不能突破，要创造要突破得有灵感。"因此，凭借思维的复旧性、重复性与逻辑性，是不会有所突破的，因而也是不会形成灵感的。文学家的"豁然开朗"、科学家的"顿开茅塞"等，都充分体现了灵感思维创造性的这一特点。

（四）零成本

灵感思维产生的价值大小是随机的，它不依赖于任何经济成本，而是依赖于已有的知识和经验。灵感与一个人的身份地位无关，不会因为地位高低而产生不同的价值，但灵感思维一旦产生并且实现，则可能使其主人对社会有所贡献。

> **思维火花**
>
> 长期研究缝纫机械化问题的埃里亚斯·毫，成天沉醉于各种机械的思考之中，可是如何实现缝纫机械化这个技术关键问题总是得不到解决，使他一筹莫展。一天深夜，他做了一个噩梦，梦见自己被一群原始人抓住，对他下了最后通牒，要他发明能够缝纫的机器，否则就处死。原始人见他交不出来发明，便一起举着长矛刺过来，当长矛逼近的时候，他看到每个矛头都有一个像眼睛一样的孔。醒来还想着这种位置奇特的孔，想着想着，又想到了自己一直在研究缝纫机械化问题，茅塞顿开，得出了创造性的设想：把缝纫机的针眼设在针尖处，而不是在针的根部。他赶紧记下这千载难逢的设想，久悬不决的缝纫机械化的一大技术难关，至此突破。埃里亚斯·毫只是通过一个梦就解决了一个"世纪难题"，没有投入大量经济成本去研发，这也体现了灵感思维零成本的特点。

（五）普遍性

一个人究其一生会产生各种各样的灵感，灵感思维并不是天才和科学家的专利。灵感思维需要苦苦思索和大量思考，才能在人的头脑中出现。对一般人而言，通过积累知识和经验，并且经过相关训练，可以解决很多难题，也可以产生灵感，所以灵感思维的普遍性是有一定的理论依据的。

有人曾在美国向1 000多位著名学者调查两个问题：一是你在解决重要问题时是否借助过灵感；二是在什么情况下会出现灵感。对第一个问题，有80%的人回答说曾借助过灵感；对第二个问题的回答就多种多样了，诸如在换衣、刮脸、开车游玩、整理庭院、钓鱼、打高尔夫球、散步、听音乐等时间内，都可能会产生灵感。

（六）难以重现性

灵感思维的出现是需要特定条件的，不是随便能产生的。面对同一个特定条件，有的人能突然想到问题的解决方法，但有的人不会。即使在同一条件下，不同的人也会产生不同的灵感，并且一旦遗忘，灵感几乎不可能重复出现。因为特定的主客观条件很多再现，即使再现，也难以再现各个细节都完全相同的同一个灵感，而不是说灵感的同一内容不可能在不同的情景下再次或多次出现。灵感思维的难以重现性，更体现灵感思维的来之不易。

三、灵感思维的分类

（一）自发灵感

自发灵感是指在对问题进行较长时间思考的探索过程中，显思维和潜思维共同对有关信息进行加工，一旦获得结果，突然由潜思维输送给显思维。这里的显思维是指能够察觉并且用语言来描述的思维过程。而潜思维正好与显思维相反，潜思维是不易被察觉且难以被描述的思维过程。就灵感思维而言，它需要潜思维和显思维同时进行，激活大脑的所有神经元素，能够使思考者的情绪异常高涨。

人们常说"日有所思，夜有所梦"。的确如此，当你思考一个问题很久，即使睡着了，你的大脑潜意识还在对这个问题进行思索，寻求问题答案。潜意识的活动在梦中虽然表现得无序、怪异、零乱、模糊，但是也能够给我们带来一些灵感。

思维火花

许多作家和诗人都曾谈论过创作中的自发灵感。这当中最著名的例子是歌德创作《少年维特的烦恼》。

据歌德自己说，以往他写东西，虽经反复修改、再三斟酌，但后来仍不满意，而《少年维特的烦恼》却是一气呵成，也没有什么改动。事后他对朋友说："这部书好像是一个患睡行症的人在无意识之中写成的。"

自发灵感有时苦心搜索而无所得，有时却蓦地涌上心头。法国音乐家柏辽兹给一位诗人的诗谱曲，谱到收尾的叠句时猛然顿住，虽再三思索，也想不出一句乐调来传达这一叠句的韵味。两年后他游罗马，口中哼出了一段乐调，也就是两年前他再三思索也写不出来的那句。

(二) 诱发灵感

诱发灵感指思考者根据自身生理、心理、爱好、习惯等诸方面特点，采取某种方式或选择某种场合，主动使所思考的某种答案或启示在头脑中出现。每个人都可以根据自己的情况，选择适合自己的休闲放松方式，找到诱发灵感的最佳时机。

法国数学家阿马达常在喧哗中产生灵感；剧作家贝克认为产生灵感的最理想时刻是躺在澡盆中的时候；而赫尔姆霍茨认为是一大早或天气晴朗登山时最容易产生灵感。还有人在喝酒后会带来灵感，法国军乐家鲁热·德·利尔（Rouget de Lisie）就是在喝酒后写下了著名的《马赛曲》，我国著名诗人李白更有"斗酒诗百篇"的豪情。

(三) 触发灵感

触发灵感指在对问题进行较长时间思考的探索过程中，接触某些相关或看似不相关事物时，受其启发而使问题的某种答案或启示在头脑中突然闪现。

▶ 典型案例

沃特·迪士尼与他画的米老鼠

沃特·迪士尼（Walt Disney），1901年出生于芝加哥，小时候和他的爸爸生活在农场里，他的父亲从来不给他买玩具。因为他父亲认为玩是没有用的，工作才是正经事。他的父亲让沃特·迪士尼看守农场。于是他天天待在农场里，和动物们一起玩耍，动物们也就自然而然地与他成为朋友。沃特·迪士尼常常在地上拿着树枝画他的动物朋友。此后，他还当过报童，先后通过函授和入校，学习了美术。18岁那年，他开始以绘制商业广告为生。20岁出头，他开始创作动画片，厂址就在好莱坞一间破旧的老鼠经常出没的汽车房里。那些日子，他一有闲空，就饶有兴味地观察钻出钻进的小老鼠。

1922年，也就是沃特·迪士尼21岁的时候，他在堪萨斯成立一家"欢笑卡通公司"，那是一段十分艰苦的时期，在一间破烂不堪的车库里，沃特·迪士尼在画板上描绘他漫画家的梦。有一天，当沃特·迪士尼辛苦伏案画画的时候，有一只小老鼠瑟瑟缩缩地爬到桌子上偷食面包屑。当小老鼠发现沃特·迪士尼没有赶它走或想要置它于死地时，就大胆地与他逗乐，甚至淘气地爬上他的书桌和画板，仿佛在看他画画似的。在寂寞和苦闷中，那只小老鼠成为沃特·迪士尼忠实的朋友。它虽然淘气，却也很温驯，更会撒娇，有时甚至蜷伏在沃特·迪士尼的掌心里睡大觉。沃特·迪士尼很喜欢看着它，研究它的每一个动作，甚至还会对着镜子又皱鼻子，又努嘴巴，学着小老鼠一大堆可爱的小动作。当欢笑卡通公司要关门的时候，沃特·迪士尼把小老鼠带到附近的树林里，放走了它，并在心里对小老鼠默默地道了别。

就在沃特·迪士尼计划要制作一部新的卡通片，计划要塑造一个新的角色时，那只令他念念不忘的小老鼠就突然从他的脑海里蹦了出来。于是，一个新"角色"的雏形，就在他脑中浮现。沃特·迪士尼先画了几张老鼠的草图，拿给奥比看。奥比一看就乐了，一只穿着红天鹅绒裤、黑上衣、带着白手套的小老鼠在画纸上出现了。本来令人讨厌的老鼠，在他笔下，竟如此幽默可爱。这只老鼠太像沃特·迪士尼了：它的鼻子、面孔、胡须、走路的姿势和表情，都好像有沃特·迪士尼的影子（图3-4）。

图3-4　沃特·迪士尼与他画的米老鼠

（资料来源：https://www.sohu.com/a/396560777_100028727）

讨论：仔细阅读以上案例，思考一下自己是否也有过灵感乍现的经历？

（四）逼发灵感

逼发灵感指在紧急情况下，镇静思考谋求对策，情急生智，从而在头脑中闪现解决面临问题的某种答案或启示。

逼发灵感的典型案例，莫过于曹植作《七步诗》的过程。曹操的儿子曹丕得了王位，想除掉他的弟弟曹植。他心生一计，要曹植在七步之内做好一首诗，否则就要杀曹植。在这生死关头，曹植被逼激发灵感，在七步之内做出了那首流传至今的著名的《七步诗》："煮豆燃豆萁，豆在釜中泣。本是同根生，相煎何太急。"

> **思维火花**
>
> 1915年，在巴拿马的万国博览会上，中国茅台酒由于包装简陋，备受冷落。参展者急得团团转，深感压力之大。在这紧急关头，他急中生智，拿起酒瓶就往地上摔，顿时酒香四溢，终于使茅台酒名扬四海。

▶▶▶四、灵感思维的培养▶▶▶

（一）有创新思考的问题

有问题才能执着思索，才有可能出现新点子、新主意，这是产生灵感思维的前提。如果一个人没有亟待解决的问题，绝不会产生有关问题的灵感。因此，灵感与问题密不可分。

（二）要有必要的知识储备和经验积累

想要获取新的观点、刺激思维并产生灵感，就要学习内容涵盖不同的主题和领域。例如，一个不懂绘图的画家的人绝不会画出天马行空的艺术品，一个不懂代码的程序员也绝不会解决软件运行问题。因此要产生灵感，一定是以结构的知识积累或经验为先决条件的。

（三）要反复地、长时间地思考

思考是促使灵感到来的必经阶段。这种思考往往是专注的，不易被外人打扰的。例如，爱迪生在想问题时不得不去税务局交税，但是因为过于专注问题，走进税务局交税好半天竟答不出自己的名字；曾昭抡在雨中一边思考问题，一边走路，竟忘了手里有雨伞。到了这一阶段，头脑里的问题已经到了"驱之不散"的程度。然而即使这样，很多时候问题也还是没有得到解决，思路也往往陷入僵局。

（四）紧张思考后进入身心放松的状态

如果思路进入到僵局之后，就不要过于执着，可以先把问题放一放，把心思转到其他方面的工作上去，使大脑放松放松；或者干脆去休个假，过一下休闲生活，比如，去游游泳、散散步、和朋友聊聊天等，缓冲一下紧张的思绪。

（五）有及时抓住灵感的精神准备和物质准备

人脑的灵感一旦形成，要及时抓住，有意识地强化后，再运用到发明创造中。这时一定要去认真去想，及时转化为实践，否则稍一放松或者遗忘，灵感可能就会在脑海中消失，难以重现。

> **思维火花**
>
> 电影文学作家卡梅隆梦见一个红眼睛的机器人，因而创作了剧本《终结者》。儒勒·凡尔纳的《八十天环游地球》，自称是根据梦中一个旅行而构思的。

第四节　直觉思维

有的人遇到问题第一时间就能给出答案，除了日常经验的积累，也与直觉思维息息相关。正所谓，真正的高手，能把知识转化为实践，将理性练成直觉。

> **思维火花**
>
> 一见钟情要多久？答案是30秒。根据英国专家所进行的大规模快速约会实验，如果在30秒内无法让异性印象深刻，那么就注定成为"无缘人"。
>
> 这项实验由赫特福德大学教授魏斯曼主持，要求100名寻找终身伴侣的单身男女每人与10名异性快速约会，同时对约会对象进行魅力评分，并决定是否再与对方接触。结果发现，多数人在30秒内就作了决定，并且女性选择的时间更短。

一、直觉思维的内涵

直觉思维作为一种复杂的心理现象，是人类多感官协调的产物。直觉思维从概念上来说，就是人们运用有限的经验知识直接组合问题结论的创造性思维方法，是不通过逻辑推理而对客观事物规律性的直接洞察。简单来说，直觉思维所处的阶段可以简单概括为：经验—直觉—概念。

直觉思维的基本内容有以下三点：

一是直觉的判断，即人们对一事物或问题的直接理解，对客观存在的现象、词语符号及其关系的迅速识别。例如，我们碰到一个陌生人时，可以凭借他的五官表情和体态特征来判断他是一个什么样的人。

二是直觉的想象。直觉也需要想象，想象可以将看似毫不相关的事物联系在一起，从而形成大致的判断。例如，在一些古诗文中，作者看到一些萧瑟的景象，就将其与思乡或怀才不遇的忧思联系起来，从而写下很多传颂千古的绝句。

三是直觉的启发。直觉不仅仅依靠本体所积累的知识，有时也会受到外来领域的信息的启发。例如，阿基米德在沐浴时，看到身体入水后，水缓缓向外溢的现象，获得启发，想到揭穿"金冠之谜"的方法，继而深入问题的实质后发现了著名的浮力定律。

直觉思维的核心在于，让我们可以快速做出判断，采取行动。

> **典型案例**
>
> **萨利机长的直觉**
>
> 2016 美国电影《萨利机长》的故事便证明了直觉思维的重要性。2009 年 1 月 15 日，前美国空军飞行员萨利机长执飞全美航空 1549 号航班，从纽约飞往北卡罗来纳州。这架空中客车 A320-214 飞机在起飞爬升过程中遭遇加拿大黑雁撞击，导致两具引擎同时熄火，飞机完全失去动力。在确认无法到达任何附近机场后，萨利机长凭直觉作出的选择是，避开人烟稠密地区，直接在哈德逊河河面紧急迫降。最终使 155 名乘客和机组人员全部生还。萨利机长因此成为家喻户晓的大英雄。
>
> （资料来源：https://zhuanlan.zhihu.com/p/281867006）
>
> **讨论**：萨利机长当时如果没有凭直觉，而是用经验作抉择，结局会是怎样的？

二、直觉思维的特点

（一）直接性

直觉思维是洞察力的体现，以对问题的总体把握为前提，没有机械地进行逻辑推理，而是直接找准关键，触及问题的要害。所以对一部分人而言，他能迅速对问题的解决方案作出猜想，但是对"顿悟"的过程无法作出逻辑的解释。直接性是直觉思维最基本的特征。

(二) 跳跃性

直觉思维与传统的认知思维恰好相反,具有跳跃性。认知思维是以常规的方式展现的问题解决过程。而直觉思维摆脱了原先常规的束缚,以想象为基础,直接作出敏锐而迅速的判断。它采取了"跳跃"的形式,从而产生认知过程的急速飞跃。

(三) 独创性

直觉思维是创造性思维的一种,是对研究对象整体上的把握,是思维的大手笔。它使人的认知结构无限扩展,想象力无限发散,体现了思维的独特魅力。独创性也是直觉思维追求的最终结果。

三、直觉思维的功能

在日常生活中,我们往往会遇到很多难以抉择的情况,这时仅仅依靠逻辑思维是无法完成的,有时候必须靠直觉思维才会解决。直觉思维无论在哪一个领域都发挥着它独特的作用,具体表现为:预感功能、抉择功能和艺术创作功能。

(一) 预感功能

直觉思维可以帮助创造主体做出某种预见,从而直接提出新概念,作出新判断。当然,预感的结果不一定都是准确的,也会存在一定的错误。

> **思维火花**
>
> 美籍华裔物理学家丁肇中在谈到"J"粒子的发现时写道:"1972年,我感到很可能存在许多有光的而又比较重的粒子,然而理论上并没有预言这些粒子的存在。我直观上感到没有理由认为这种较重的发光的粒子(简称"重光子")也一定比质子轻。"这就是直觉。在这种直觉的驱使下,丁肇中决定研究重光子,终于发现了"J"粒子,并因此而获得诺贝尔物理学奖。

(二) 抉择功能

当创造者需要对几种可能性进行抉择又难以分辨时,可以发挥直觉思维的作用,作出正确的选择。

> **思维火花**
>
> 某场军事演习中,根据上级命令,红方部队必须在规定时间内从甲地行动至乙地。甲乙两地之间有三条距离相近、互不连通的道路可供选择,分别为5号、6号、7号公路,蓝方已在其中两条路上埋设混合雷场。由于时间仓促,来不及查明雷场具体情况,红方指挥员决定碰碰运气,随机选择7号公路实施机动。部队刚出发,导演部如实告知红方,6号公路有雷场。那么此时,指挥员应不应该更换机动路线?
>
> 按照直觉判断,没有必要更换路线。因为三条公路中两条有雷场,现在排除了6号公路,也就意味着5号和7号公路各有1/2的概率存在雷场,既然概率都一样,那就没有必要更换路线。

　　但是从数学概率的角度而言,这并非最佳选择。如果不更换路线,那么红方会有2/3的概率遇到雷场。因为当红方指挥员随机选择7号公路时,他选中安全路线的概率只有1/3,也就是说,安全路线存在于5号、6号两条公路的概率是2/3。接下来,导演部帮助红方排除了6号公路,那么此时7号公路安全的概率依然是1/3,而其余两条公路安全的概率集中到了剩下那条公路上,即5号公路安全的概率就变成了2/3。

　　这一思路的关键在于充分理解这句话:"对于已经发生的事件,后面发生的事件不可能影响它的概率。"也就是说,当红方随机选择任意路线时,其选中安全路线的概率就是1/3,这一概率并不会因为导演部提供了其他路线信息而有所改变。只有在改变选择后,红方选中安全路线的概率才会变成2/3。

　　上述问题就是"蒙提霍尔问题"在军事上的典型应用。这个案例说明:第一,人类直觉有时是错误的;第二,直觉根深蒂固,对决策有着巨大的影响力。

(三) 艺术创作功能

　　在创作活动中,直觉思维是艺术家经常会用的一种方法,是艺术家将感性认识升华为理性认识的潜在力量,它会带领艺术家走向一个未知的、充满灵性的创作领域,这是传统的认知思维所达不到的效果。

> **思维火花**
>
> 　　唐代书法家孙过庭在《书谱》一书中,多次描述"直觉"对书法创作的影响。同时他对艺术直觉的积极作用、书法家如何获得这种能力,都作了阐述。关于书法创作中的"直觉",他说:"夫运用之方,虽由己出,规模所设,信属目前。差之一毫,失之千里,苟知其术,适可兼通。"
>
> 　　郑板桥画竹时,本来已然"胸有成竹",但他开笔时,突然"变生法外",艺术直觉将他带到了另一种审美意象世界。他鬼使神差,画出了一张自己都感觉惊讶的墨竹,"手中之竹"已不是"胸中之竹"。艺术直觉调动了他人生所有的有关"竹子"的视觉审美经验积累,瞬间实现了最高级别的艺术创造思维跨越,使创作达到了前所未有的高度。这就是直觉的力量——它不是普通心理状态下的艺术构思所能比拟的。

四、直觉思维的培养

(一) 学会倾听直觉的呼声

　　直觉思维凭的是"直接的感觉",但又不是感性认识,所以往往具有不确定性。人们平常说的"跟着感觉走",没有特定的目的,其实就直觉思维在发挥作用。当直觉出现时,要遵从内心的想法,细心体会,倾听内心的呼声,不必迟疑,更不能压抑,而是要顺水推舟,作出判断,得出结论。

(二) 要培养敏锐的观察力和洞察力

　　直觉与人们的观察问题的视角息息相关。经验丰富且有洞察力的人,其直觉出现的概率更高,当然,这部分人也擅长抓住这突如其来的想法,直抵事物的本质。因此,我们要培养自己的直觉思维，锻炼自己的洞察力和想象力，特别是提高对印象、感觉、趋势等不太明显的软事实的辨别力。

（三）真诚、客观地对待直觉

直觉思维容易受到主客观条件的影响，比如客观环境和个人情感。特别是个人情感，当一个人所处的阶段不太顺利时，可能会处在某种消极情感状态，例如恐惧、悲伤、焦虑等，直觉思维很容易受这些主观情绪干扰，影响对客观事物判断的正确性。因此，我们要认真且客观地对待直觉思维，尽量排除主客观的影响和干扰，冷静地处理生活中出现的各种问题。当然，运用直觉解决问题以后，还要回过头来冷静地分析其是否正确，是否是解决这一问题的最佳方案，才能总结出直觉思维的规律，为以后解决疑难问题奠定基础。

思维训练

1. 自由联想训练。

随便找一个词起头，在规定的时间内快速联想，就像刚才我们做的思维游戏一样，要求想到的词组概念越多越好。

2. 强制联想训练。

随机找两个不相关的事物，要求尽可能多地想出它们之间的相关联系或相同点，比如：大海与羽毛球有什么联系，有哪些相同点，有哪些不同点，等等。

3. 一个老人留下遗言，将他的17头骆驼分给三个儿子，长子分二分之一，二儿子分三分之一，三儿子分九分之一，骆驼一头也不许宰杀。请问：每个儿子各分几头？

户外拓展

1. 解手链。

参加人数：10人一组。

活动时间：20分钟。

活动目的：明确沟通的重要性以及团队的合作精神。

活动规则：所有的人手牵手结成了一张网。队员们这时是亲密无间紧紧相连的，但是这个时候的亲密无间紧紧相连却限制了大家的行动。我们这时需要的是一个圆，一个联系着大家，能让大家朝着一个统一方向滚动前进的圆。在不松开手的情况下，如何让网成为一个圆？

2. 七彩连环炮。

参加人数：不限。

活动时间：30~60分钟。

活动目的：挑战心理极限，增强对他人的信任度。

活动规则：男女生间隔排列，先男生后女生，以接力的形式，第一名同学跑到指定位置流吹气球，直到吹破。跑回原位置换下一个同学，如此轮换，以两分钟为限，计时完毕时按吹破气球个数记录成绩。

3. 盲人足球。

参加人数：6~20 人。

活动时间：60 分钟。

活动目的：培养沟通交流能力和克服困难能力。

活动规则：每两个同学自动组成一对，每对搭档中只有一个人戴蒙眼布，另一个人不戴。只有被蒙上眼睛的同学才可以踢球，他的搭档负责告诉他向什么方向走、做什么。在规定的时间内，看哪一组进的球最多，哪一组就获胜。

脑力激荡

1. 比高矮。

现有 A、B、C、D、E、F 六人，他们在身高上有如下五种关系：A 比 B 高，C 比 D 矮，B 比 D 高，A 比 E 矮，F 比 E 高（图3-5）。请问这六个人谁最高？谁最矮？

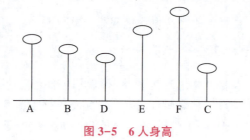

图 3-5　6 人身高

在这个问题里，"谁最高""谁最矮"就是思考的中心点。收敛思维一步步推敲，即可找到答案。

围绕"谁最高"这个中心点，收敛思维的结果是：F 最高。

围绕"谁最矮"这个中心点，收敛思维的结果就是：C 最矮。

2. 想关联想。

从下列各组词的第一个词开始，开展接近、相似、对比或因果联想，经过若干中介联想，最终到达第二个词（每题1~2分钟，要写出中间步骤与联想种类）。

(1) 风——马、牛

(2) 面包——瀑布

(3) 高射炮——吉他

(4) 松树——磁带

(5) 铅笔——人造卫星

(6) 罗盘——香蕉

3. 直觉思维练习。

(1) 在猜谜语游戏中你是否成绩不错？

(2) 你是否喜欢和别人打赌，赌运是否很好？

(3) 你是否一看见一幢房子便感到合适与舒适？

(4) 你是否常感到你一见某个人，便十分了解他（她）？

(5) 你是否经常一拿起电话便知道对方是谁？

(6) 你是否常听到某些"启示"的声音，告诉你应该做些什么？

(7) 你是否相信命运？

(8) 你是否经常在别人说话之前，便知道其内容？

(9) 你是否有过噩梦，而其结果又变成事实的情况？

(10) 你是否经常在拆信之前，便已知道其内容？

(11) 你是否经常为其他人接着说完话？

(12) 你是否常有这种经历：有段时间未能听到某一个人的消息了，正当你在思念之时，又忽然接到他（她）的信件、明信片或电话？

(13) 你是否无缘无故地不信任别人？

(14) 你是否为自己对别人第一面印象的准确而感到骄傲？

(15) 你是否常有似曾相识的经历？

(16) 你是否经常在登机之前，因害怕该航班出事，而临时改变旅行计划？

(17) 你是否在半夜里因担心亲友的健康或安全而忽然惊醒？

(18) 你是否无缘无故地讨厌某些人？

(19) 你是否一见某件衣服，就感到非得到它不可？

(20) 你是否相信"一见钟情"？

答"是"的记 1 分，答"否"的记 0 分，累计所得分数，并按如下标准进行评价：

(1) 得 10~20 分，有很强的直觉能力。有着惊人的判断力，当你将它用于创造时，一定会取得巨大成功。

(2) 得 1~9 分者，你有一定的直觉能力。但常常不善于运用它，让它自生自灭，应该加强对它的培养，让它成为你事业的好帮手。

(3) 得 0 分者，你的直觉能力欠缺，你应该试着按直觉办事，提升直觉思维。

第四章 方向性思维

方向性思维的概念最早可以追溯到古代的哲学和数学领域。在古希腊和古代中国，哲学家们通过对世界的观察和思考，提出了各种不同的方向性思维的模型和方法。例如，古希腊的亚里士多德提出的形式逻辑和中国《易经》中的阴阳五行理论等都是早期方向性思维的代表。随着人类社会的发展，方向性思维逐渐被应用到各个领域中，成为现代人们思考问题的重要方式之一。

方向性思维是指人们按照一定思路来思考问题，有特定的模式和方法。方向性思维包括：发散思维和收敛思维，正向思维和逆向思维，线性思维、平面思维和立体思维等。

方向性思维在生活中的应用场景非常广泛，如家庭理财、职业规划、学习计划等方面。在家庭理财中，我们可以运用经度和维度的方式来明确家庭的经济状况和目标，从而制订合理的理财计划。在职业规划中，我们可以根据个人的兴趣、能力和职业目标，运用方向环的方式制订一个完整的职业发展计划。在学习计划中，我们可以运用全方位的思考方式，全面梳理学习目标和资源，制订一个高效合理的学习计划。

第一节 发散思维与收敛思维

一片叶子，是绿色，是椭圆，是希望，是好心情……
在画家看来是一幅美丽的画；
在音乐家看来是清新的音符；
在植物、生物学家看来是细胞，是植物机理，是生态，是新物种；
在经济学家看来也许是一种具有极大经济价值的新品种；
在幻想家看来会是任何东西，也许里面有一个新的世界……
这就是一千个人看，会有一千种叶子，这就是丰富而奇妙的"人们"，这就是"意见、认识"多样性的价值。

一、发散思维与收敛思维的内涵

(一) 发散思维

发散思维,又称辐射思维、放射思维、扩散思维,指在思维过程中,充分发挥人的想象力,找到尽可能多的答案、设想或解决方法的思维模式。发散思维思考时没有固定模式,不同于传统的逻辑思维,它可能出现更多的新成果,因此,发散思维是创造性思维的最主要特点,也是测定创造力水平的主要标志之一。发散思维最早出现在"智力三维"结构模型理论中,这一理论的最早提出者是美国心理学家吉尔福特(J. P. Guilford)。

发散思维表现为思维视野广阔,思维呈现出多维发散状,不局限于某一种思路,不墨守成规,不拘泥于传统,也就是要从不同的方面思考同一个问题。"一题多解""一事多写""一物多用""举一反三",都是发散思维的具体表现。

比如,利用发散思维想想日常经常使用的铅笔的用途。铅笔可以写字,可以画素描,铅笔芯可以磨成粉末当作润滑剂,当朋友过生日的时候可以将铅笔当作生日礼物……

> **思维火花**
>
> 一只杯子掉下来,碎了。如果将这件事继续展开,还会形成哪些问题呢?运用发散思维,可以从多个维度、不同学科对这个问题进行思考,如:
>
> 物理题:这是自由落体运动,杯子从多高的地方掉下来才会碎呢?
> 化学题:杯子里装着酒精,掉进了火堆里,会产生什么现象?
> 经济题:杯子现在碎了,还要花多少钱才能再买一个?
> 语文题:你让我太伤心了,伤得如同这只杯子一样。
> 心理问题:杯子破碎的声音引起了一个女孩的注意,于是她花了一下午的时间去查询为什么噪声会让人紧张。
> 情感问题:那是男朋友送给自己的情侣杯,这会造成一场感情风波。
> 时间问题:杯子摔碎了,就没有杯子可用了,还要再买,直接提升了时间成本。
> 历史问题:那是乾隆皇帝用过的杯子,有很多关于它的故事。这个杯子是那些历史故事中的唯一道具,如今它破了,一段历史就这样彻底消失了。
>
> 从一件看似简单的"杯子碎了"事件就可联想到不同类别、不同维度的问题,也许你会产生困惑,这些都是凭空想象出来的吗?当然不是,单纯的无序发散往往收效甚微,而有序的、整合的发散通常能够获得更为有效的新观点。

(二) 收敛思维

收敛思维又称"集中思维"或者"求同思维",它是以研究对象为中心,尽可能利用已有的知识和经验,将所有解决问题的方案进行组织、整合和优化,从而找到最佳方案的思维过程。收敛思维的运用方法和凸透镜的聚焦作用类似,凸透镜可以使不同方向的光线集中到一点,发挥光线的最大作用。收敛思维是发散思维的反向应用,如果说发散思维的思维过程是"一到多"的话,那么,收敛思维则是"多到一"。但这也并不意味着收敛思维是保守的、守旧的,相反,它对各个领域都是开放的、包容的。运用收敛思维可以将各种理论、方案等进行比较选择，找出最好的答案，使答案更加符合客观真理。

▶ 典型案例

林肯的无罪推断

美国第十六位总统、《解放黑奴宣言》的颁布者——阿布拉罕·林肯是美国历史上唯一一位出身于贫民的总统。他在当选总统之前，当过律师。他富于同情心，敢于主持正义，在诉讼活动中以说理充分、例证丰富、逻辑性强而素负盛名。

有一次，一个叫阿姆斯特朗的青年被人诬告为图财害命。小伙子有口难辩，被判定有罪。阿姆斯特朗的父亲生前是林肯的好朋友。可以说林肯是看着阿姆斯特朗长大的，他熟悉这位老朋友的儿子的为人，向来忠厚老实，不可能干出这种伤天害理的事来。他主动要求担任阿姆斯特朗的辩护律师，认真查阅案卷，到现场调查，很快掌握了全部事实。他断定阿姆斯特朗是受人诬陷而蒙冤受屈的。他要求法庭重新审理这个案子。法庭碍于林肯的名望，同意重新开庭审理。

捉蛇就要抓住蛇的七寸，要推翻这个案子该从什么地方着手呢？林肯研究了全部案卷之后，已经胸有成竹：这个案子的关键就在证人福尔逊身上。因为他一口咬定，在10月18日的夜半月光下，他在一个草垛后面，清楚地看见阿姆斯特朗开枪把人打死了。这个鬼迷心窍的证人肯定是被诬告人收买了。林肯决定从这个福尔逊身上打开缺口。

"福尔逊先生，"法庭上，林肯直接质问这位证人，"你敢当众发誓，说在10月18日的月光下看清的是阿姆斯特朗，而不是别人？"

"是的，我敢发誓！"福尔逊说。

"你站在什么地方？"林肯问。

"草堆后面。"

"阿姆斯特朗在什么地方？"

"大树下。"

"是草堆西边的那棵大树？"

"是的。"

"你们两处相隔二三十米，你能认清吗？"

"看得很清楚，因为月光很亮，正照在他脸上，我看清了他的脸。"福尔逊说。

"你能肯定是十一点吗？"

"完全可以肯定。因为我回到屋里时，看过时钟，是十一点一刻。"福尔逊说得毫不含糊。

林肯正气凛然的目光突然离开福尔逊，把脸转向大众，庄严宣布："证人福尔逊是一个彻头彻尾的骗子！"

这个意外的结论，顿时把法庭上的人都弄愣了，包括主审法官，都感到十分突兀。有人高声提出质问："律师说话要摆事实讲道理，你根据什么事实得出这样的结论？"

林肯回答道："证人发誓赌咒，说他10月18日晚上在月光下看清了阿姆斯特朗的脸。可是，10月18日那天应是上弦月，十一点时月亮已经落下去了，哪里还有什么月光？再退一百步讲，就算月亮还没有落下去，还在西天上，月光也应该从西往东照。而遮挡着福尔逊的草垛在东边，阿姆斯特朗站在西边的大树下，如果阿姆斯特朗的脸面向东边的草垛，也就是背对月亮，脸上就不可能照到月光；如果他不是面向草垛，证人又怎么能从二三十米远的地方看清被告人的脸呢？福尔逊不顾事实，说什么'月光很亮，正照在他脸上'，还不是一派谎言！"

整个法庭静得简直可以听见呼吸的声音。林肯说到这里，场下一阵骚动之后，突然爆发出一阵雷鸣般的掌声。

林肯以无可辩驳的论证揭穿了证人的谎言，维护了法律，打赢了这场官司。阿姆斯特朗被宣告无罪。

（资料来源：https://zhidao.baidu.com/question/1767210214856100420.html）

讨论：林肯的无罪推断，给了你什么启发？

二、发散思维与收敛思维的特点

（一）发散思维的特点

1. 流畅性

流畅性是指在极短的时间内形成尽可能多的思维火花与思想碰撞，表达出尽可能多的方式和方法，思想和观念。流畅性是发散思维的"定量化"，反映的是速度和数量特征，培养思维的流畅性需要大量的知识积累和信息收集。比如，在1分钟写出所有偏旁为"艹"的汉字；在1分钟内找到尽可能多的球形物体，能写出的汉字和球形物体越多的人，说明他的发散思维流畅性比其他人更好。

2. 变通性

变通性是发散思维的"定质化"，区别于流畅性，变通性更能体现发散思维的灵活性和多样性。变通性是指在分析问题时可采用多角度甚至颠倒式的思考，同时还需要发挥丰富的联想能力和想象力，才能形成包括对概念、内容等的整合和重组。例如，列举报纸的用途，可以想到学习、引火、包鱼、糊墙壁等各种各样的用法，这也生动地体现了发散思维的变通性。

3. 独特性

独特性是发散思维的本质，指人们运用发散思维做出区别于他人的新奇反应的能力，这也是发散思维的最高目标。比如，由一个苹果引发的思考，独创性高的人能够想出各种天马行空的故事主线，独创性低的人可能想的故事比较常规，缺乏创新性。

（二）收敛思维的特点

1. 唯一性

不同于发散思维，收敛思维是把各种各样的结果集合起来，并从这些结果中选择一个合理或最佳答案，因为只是将结果简单地加以整合和选择，所以受外界信息影响较小，具有封闭性，即唯一性的特点。

2. 连续性

收敛思维的进行方式与发散思维相反，往往是一环扣一环的，紧密联系，具有较强的连续性。正如在做数学应用题时,解题思路是一步一步推导完成的,越过思路,很难得出正确答案。

3. 求实性

发散思维因为想象力的发挥,所产生的众多设想或方案可能多数是不成熟、不全面的,也是不切实际的,因此通过发散思维所得的各种结果,必须逐一进行筛选和辨别,从能得出最佳方案,而收敛思维就可以起这种筛选作用。通过收敛思维的筛选,我们可以按照客观事实加以选择,因此选择的设想或方案应当是切实可行的、符合事实的,这也体现了收敛思维的求实性。

4. 聚集性

收敛思维围绕问题进行反复细致地思考,将给定的答案或设想逐一辨别,使原有的思维浓缩、聚拢,将思维纵向深度发展,形成强大的穿透力直击问题关键。在解决问题时,收敛思维会使人们在特定指向上思考,通过积累,最终达到质的飞跃,顺利找到最佳的解决问题的方案。

三、发散思维和收敛思维的关系

发散思维具有流畅性、灵活性和独特性,采用发散思维可以获得尽可能多的解决问题的办法,而后采用收敛思维,通过比较、分析才能得到最佳方案。因此,在创新过程中了解并认识发散思维和收敛思维之间的区别与联系,有助于正确而迅速地解决问题。

(一)发散思维和收敛思维的区别

1. 思维方向相反

从思维方向上来说,发散思维是由一到多,即从问题中心指向四周;而收敛思维恰恰相反,是由多到一,即从四周指向问题中心(图 4-1)。

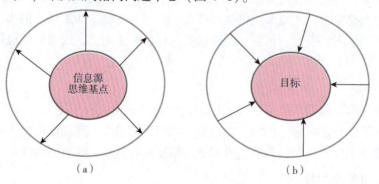

图 4-1 发散思维与收敛思维
(a)发散思维;(b)收敛思维

2. 作用不同

发散思维是为了解决某个问题,想的办法越多越好,具有广阔性和开放性,有利于广泛收集信息,发现新思路,寻找新方法。收敛思维也是为了解决某一问题,但它是向着问题思考,利用已有的经验、知识,找到针对问题的最好办法。

(二) 发散思维和收敛思维的联系

发散思维和收敛思维是辩证统一的关系，既有区别又有联系。可以说，没有发散思维的信息搜索，收敛思维就缺乏加工对象，也就无法进行；同样的，没有收敛思维的精心加工，发散思维得到的结果和方案再多，也无法保证正确性，所收集的信息也就没有了价值。只有发散思维和收敛思维交替运用，才能完成创新过程的闭环，得到新成果。

(三) 发散思维和收敛思维的互补关系

在创新过程中发散思维和收敛思维存在互补关系，二者相结合是开发创造性的有效途径。

首先，发散思维是收敛思维的前提和基础，只有以发散思维为前提，才能获取大量的信息，收敛思维才能有效地开展。

其次，收敛思维是发散思维的目的和归宿，发散思维的目的就是更好地进行收敛思维，解决实际问题。

最后，发散思维和收敛思维具有顺序性。美国创造学学者 M. J. 科顿，形象地阐述了发散性思维与收敛性思维必须在时间上分开，即分阶段的道理。如果它们混在一起，会大大降低思维的效率。创新思维一般是先发散后收敛（图 4-2），在解决实际问题过程中，先用发散思维形成多个结果，再借助收敛思维对发散思维的结果进行比较、分析，筛选出最终合理的方案或者结果。

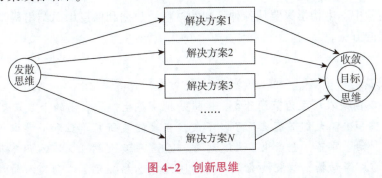

图 4-2 创新思维

四、发散思维和收敛思维的应用

(一) 孔结构

孔结构在工程实例中广泛应用，利用发散思维，可用孔结构解决很多问题。

> **思维火花**
>
> （1）钢笔尖上有一条导墨水的缝，缝的一端是笔尖，另一端是一个小孔，最早生产的笔尖是没有这个小孔的，既不利于存储墨水，也不利于在生产过沉中开缝隙。
>
> （2）钢笔、圆珠笔之类的商品经常是成打（12支）平放在纸盒里的，为了在批发时不用一盒一盒拆封点数和查看笔杆颜色，有人想出在每盒盒底对应每一支笔的下面开一个孔。这样，查验时只要翻过来一看，就知道数量够不够，是什么颜色，既省时又省力。

（3）弹子锁最怕钥匙断在里面或被人塞纸屑、火柴梗进去。如果在钥匙口对面预留一个小孔，当出现上述情况时，用细铁丝一捅就可以将异物弄出来。

（4）中性笔的笔帽上留个小孔，以防小孩误吞而窒息。

（5）防盗门上有小孔，装上"猫眼"就能观察门外来人。

（二）开拓市场

在商业领域中，收敛思维发挥了重要的作用。例如，一个企业家想要开拓新市场，他会先对市场进行分析，了解消费者的需求和竞争对手的情况。然后，他会根据这些资料和信息，逐渐深入市场细分，了解消费者的需求和购买行为，并根据这些信息开发出合适的产品，然后制定出相应的营销策略，最终打开市场。

（三）科学研究

科学家在研究一个问题时，会不断收集和整理相关资料，然后逐渐深入问题的本质，找到规律和因果关系，最终得到准确的结论。例如，一个天文学家想要研究黑洞的现象，他会先去收集和整理有关黑洞的资料和观测数据，然后从这些数据中发现黑洞的特征和规律，最终得到对黑洞的一些深刻认识。

（四）生物实验

在生物实验中，生物学家要从各种已知的材料、数据和信息中总结出科学结论。这要运用收敛思维的方法。

> **思维火花**
>
> 1960年英国某农场主为节约开支，购进一批霉花生喂养农场的十万只火鸡和小鸭，结果这批火鸡和小鸭大都得癌症死了。不久，在我国某研究单位和一些农民用霉花生长期喂养鸡和猪等家畜，也产生了上述结果。1963年澳大利亚又有人用霉花生喂养大白鼠、鱼、雪貂等动物，结果被喂养的动物也大都患癌症死了。研究人员从收集到的这些资料中得出一个结论：在不同地区，对不同种类的动物喂养霉花生都患了癌症，因此霉花生是致癌物。后来又经过化验研究发现：霉花生内含有黄曲霉素，而黄曲霉素正是致癌物。这就是聚合思维法的运用。

第二节 正向思维与逆向思维

一、正向思维与逆向思维的内涵

（一）正向思维的内涵

正向思维是一种常规思维。它指的是人们在思考问题时，顺着某种"共识"去思考。这种"共识"可能会是某种"人之常情"，即客观事物发展所存在的时间上的顺序、空间上的顺序、位置上的顺序、性质上的顺序。例如从早想到晚，从前想到后，从小想到大，从上想到下，从左想到右，从高想到低，从长想到短，从软想到硬，从冷想到热……

任何事物都会产生、发展和灭亡，正向思维也是依据这一客观事实而建立的。只有充分把握客观事物发展的规律，我们才能了解其过去和现在，预测其未来。

▶ 典型案例

性别与投资倾向

一项新的学术研究发现，男性投资者更倾向于追求正向策略，而女性投资者则更倾向于逆向投资。这项研究是由哥伦比亚大学商学院的查尔斯·琼斯、上海证券交易所的施东辉、清华大学的张晓燕和张欣然共同开展的。他们在获得了"上海证券交易所2016年至2019年期间所有交易和持股的全面账户级数据库"时得出了这一结论。

通过正向投资，研究人员考虑了购买赢家和出售输家的策略。换句话说，动量投资者购买最近表现良好的股票，即随着股价的上涨而去投资。一个更明显的基于正向思维的例子是：

2013年，洛杉矶工程师杰森-德博尔特第一次购买了2 500股特斯拉股票，当时特斯拉的股票价格为每股7.50美元。而如今（2021年）这些股票价值约220万美元。杰森-德博尔特拒绝出售任何一份特斯拉的股份，这就是正向思维。

正向投资的投资对象一般是大白马（白马股，指长期绩优、回报率高并且有较高投资价值的股票），很多时候正向投资就像搭上了顺风车，长期持有这类股，多数时候会赚钱，特别是长期持有的是分散行业各行业优质龙头企业的话。正向投资的优势在于快，所以想尽快获得利润的爱好者通常会选择正向的投资方式。

美国美林银行（Bank of America Merrill Lynch）董事总经理表示，实施这种正向投资战略的男子比例高于妇女。墨菲和他的分析师团队在本周早些时候将特斯拉的股价目标提高到900美元时写道："（特斯拉的）股票的上升螺旋越高，资本越便宜，就会为增长提供资金，然后投资者就会以更高的股价回报增长。"而逆向投资者则采取与正向相反的方法：他们买进不受欢迎的股票，希望凭自己的运气取胜。而追求这些策略的女性比例高于男性。逆向投资有时候也会被称作是"主动买套"，逆向投资的优势在于成本低于市场，而且存在暴利逆转的机会。

但是逆向思维的本质就是，投资者看上的股票足够优秀，只是遇到短中期困境造成业绩很差，市场风险偏好低，不受市场待见，吸引不了主流资金关注，或者出现大熊市、利空等非理性情绪下，出现很低的估值或很便宜的价格。当一切利空和困难都过去时，就都是利好，所以逆向投资主要是看时机抄底，逆向投资也相当于困境反转型投资。

（资料来源：https://www.gurufocus.cn/article/1141）

讨论：到底是什么导致了男性和女性在投资思维上的差别呢？

运用正向思维可以帮助我们根据已有的事实预测事物发展的规律性，探索未知，是一种不可忽视的科学研究方法。

> **思维火花**
>
> 比如：汽车越来越多，导致交通阻塞、交通事故、环境污染等问题日益严重。而要解决此问题，可以增加警力，进行疏通；也可以增修高速公路立交桥，以保畅流；可以限制车辆上路时间等。但这终究是治标不治本，要想真正解决，就得思考从汽车引入家庭至今，它给人民生活、环境、社会发展、安全等带来了哪些方便与不便，还将继续向何方向发展等问题，即从家庭拥有汽车这件事情本身的产生、发展过程入手，寻求解决办法。目前，发达国家已基本达成共识：发展公交事业，提倡公民出入乘公共交通车，才是根本的解决办法。

（二）逆向思维的内涵

逆向思维，也称求异思维。与正向思维相反，它追求的是反其道而行之，是对已成定论的事物或观点反过来思考的一种思维方式。运用逆向思维，我们可以从问题的反面深入地进行探索，创立新形象。

▶ **典型案例**

商人卖伞

有两个南方商人，他们各自带了一大批雨伞到北方去卖，由于他们的伞价格便宜并且质量好，在南方市场非常受欢迎。两个南方商人到北方之后，发现北方人与南方人不同，由于北方气候干旱降水比较少，北方人很少用伞。两个商人感到十分气馁，一个月后，两个商人在回家的路上再次相遇，一个垂头丧气，一个却志得意满。志得意满的商人把伞都卖了，赚了不少钱，另一个垂头丧气的商人由于雨伞卖不出去，压了大量的资金，导致生意破产。志得意满的商人告诉垂头丧气的商人，由于北方气温高，外面的阳光毒辣，我就把雨伞改成太阳伞卖，这样招揽了很多客户，伞很快就卖掉了，赚了一大笔。

（资料来源：https：//www.kuaihz.com/tid382_2461183.html）

讨论：我们从卖伞故事中得到什么启示？

逆向思维对于创新具有特殊的价值，可以激发思想活力，增强创造力；打破僵化的思维定式，以突破常规的新思路，提出貌似有悖常理的独特见解，形成与众不同的问题解决方案。正向思维是遵循客观事物的规律性迅速解决问题，但是在某些特殊的场合，采用逆向思维往往效果更好，解决问题更为简单有效。

司马光砸缸的故事我们都很熟悉，有人掉进缸里，司马光采用了逆向思维，用常人难以理解的方式解决了问题，救了小伙伴性命。逆向思维是创新活动和科学发现的重要方法。

> **思维火花**
>
> 生活中很多时候，眼见不一定为实。如果从一个新角度去解决问题，也许就会"柳暗花明又一村"。

> 一个博士群里有人提问："一滴水从很高很高的地方落下来，砸到人后，会不会把人砸伤或砸死？"群里一下就热闹起来，大家用了各种公式，各种假设，各种阻力、重力、加速度来计算，足足讨论了近一个小时。后来，一个不小心进错群的人默默问了一句："你们没有淋过雨吗？"
>
> 人们常常容易被日常思维所禁锢，而忘记了最简单、也最直接的那条路。

换种算法，独辟蹊径，你会发现解决问题的另一个方法。

掌握逆向思维的人在解决一些棘手的问题时，往往能够另辟蹊径，找到解决问题的巧妙办法。人生不如意之事，十之八九。生活中，多运用逆向思维，换个角度看问题，你会发现：失去也是另一种拥有，失意也会变成诗意。

二、正向思维与逆向思维的特点

（一）正向思维的特点

1. 容易找到思维的切入点

因为人们在思考问题过程中的"共识"或涉及的客观顺序，都是自己再熟悉不过的，不需要冥思苦想，很容易并且很快就能找到思考问题的切入点。

2. 高效率

运用正向思维，思考起来效率较高。因为有现成的思维轨道和客观规律，不需要花费大量的时间与精力去探索，自然能省时省力，提高效率。

3. 无沟通障碍

大家大都是按正向思维思考问题的，所以就不存在或很少存在思路上的差异，更不会与他人发生碰撞或冲突，彼此交流起来自然也就比较容易理解，无沟通障碍。

然而，人们解决问题时，对于某些特殊问题，特别是碰上需要有所突破的高难度问题时，利用正向思维找答案往往会束手束脚。在这时，就需要学会使用逆向思维了。

> **思维火花**
>
> 印度有一家电影院，常有戴帽子的妇女去看电影。帽子挡住了后面观众的视线。大家请电影院经理发个场内禁止戴帽子的通告。经理摇摇头说："这不太妥当，只有允许她们戴帽子才行。"大家听了，不知何意，感到很是失望。第二天，影片放映之前，经理在银幕上映出了一则通告："本院为了照顾衰老有病的女客，可允许她们照常戴帽子，在放映电影时不必摘下。"通告一出，所有女客人都摘下了帽子。

（二）逆向思维的特点

1. 普遍性

逆向思维适用于各种领域、各种活动，尤其是性质上对立两极的转换：软与硬、高与低、上与下、左与右等。当然还有过程上的逆转，如电转为磁或磁转为电，风转化为电或电转化为风等。其实简单来说，逆向思维是由从一个方面想到其对立面。无论在生活中还是学习中，逆向思维都是一种常用的思维方法。

2. 批判性

正向思维是指常规的想法与做法，而逆向思维恰恰相反，是对传统思维的反叛，是对常规和传统的挑战，不拘泥于单一形式。这是因为逆向思维能够克服思维障碍，能够找到新的突破口，对于由经验和习惯造成的僵化的认识模式能够重新思考，获得新的启发。批判性也是逆向思维的最重要特征之一。

> **思维火花**
>
> 一位睿智的老人，他在退休后，在一所学校附近买了一套简陋的房子。住进来后的前几个星期，还很安静，老人对此很满意。然而，之后就有3个年轻人开始在附近踢垃圾桶闹着玩。老人受不了这些噪声，便出去跟年轻人谈判。
>
> "你们玩得真开心。"他说，"我喜欢看你们玩得这样高兴。如果你们每天都来踢垃圾桶，我将每天给你们每人一元钱。"3个年轻人很高兴，更加卖力地表演"脚下功夫"。
>
> 不料三天后，老人忧愁地说："通货膨胀减少了我的收入，从明天起，只能给你们每人五角钱了。"年轻人显得不大开心，但还是接受了老人的条件。他们每天继续去踢垃圾桶。一周后，老人又对他们说："最近没有收到养老金支票，对不起，每天只能给两角了。"
>
> "两角钱？"一个年轻人脸色发青，"我们才不会为了区区两角钱浪费宝贵的时间在这里表演呢，不干了！"于是，他们3个头也不回地走了。
>
> 从此以后，老人又过上了安静的日子。

3. 新颖性

任何事物都有多面性，但是循规蹈矩的思维虽然有时能够简单解决问题，但是长此以往，很容易使思路僵化、刻板，得到的往往是一些具有普遍性的答案，缺乏新颖性。其实我们在解决问题的过程中很容易看到另一面，但是受过去经验的影响，我们往往只注重熟悉的一面，而对另一面视而不见。其实有时候问题答案往往是出人意料的，只要换一个角度，就可能给人以耳目一新的感觉。

> **思维火花**
>
> 一位大爷到菜市场买菜，挑了3个西红柿放到秤盘，摊主秤了下："一斤①半，3元7角。"
>
> 大爷："做汤不用那么多。"去掉了最大的西红柿。
>
> 摊主："一斤二两，3元。"
>
> 正当身边人想提醒大爷注意秤时，大爷从容地掏出了七角钱，拿起刚刚去掉的那个大的西红柿，潇洒地走开了。

---

① 1斤=500克。

三、正向思维的思考方法

（一）积极解决问题

约翰·葛德纳曾说："每个难题，都是一个伪装得很巧妙的机会。"其实我们遇到的每一个问题本身都代表着成长的机会，解决一个问题就成长了一分。所以，要培养正向思维，不能逃避问题。

（二）相信自己一定能做到

爱迪生曾说："成功的秘诀很简单，那就是无论遇到任何状况，都要相信自己一定能够迎刃而解。"成功的人与失败的人，其差别常常在于思维方式，成功的人总是相信自己一定可以做到，而失败的人却在未开始之前就想到一种种困难，从而让恐惧阻碍着他们。每个人能达到的高度，一部分取决于能力，另一部分取决于自己是否相信自己能够做到。

（三）不要找借口

人生总会遇到失败，但是不意味着失败就会让人生变得崎岖难行，相反，这些失败更是我们的机会。常言道：你若不想做，会找到一个借口；你若想做，你会找到一个方法。

（四）正视自己

生命中的问题其实都是我们人生选择的结果。只要正确认识这一点，我们就的想法就会改变，我们就会专注于改善自我，而不是试图改变别人。亚伯·艾里斯博士曾说："人生中最美好的那些年，是你接受自己的问题都由自己造成的时候。你不会迁怒母亲、责难环境、怪罪总统，因为你知道你有能力掌握自己的命运。""认清所有问题都由自己造成"的思维方式，能够将你带向成功者的正向思维，它让你专注于改变自我，而不是改变别人；它让你将焦点放在解决方法上，而不是问题本身。

（五）学会问自己"我怎样才能做到"

如果你总告诉自己"我做不到这件事"或者"我就是无法成功"，那它就会阻止你的大脑进行创造性的思考，使你无法跨越局限性思维，因此无法找到新方法让自己变得更好。相反，如果你将这种局限思维转换成"我怎样才能做到这件事"，就会激发大脑进行创造性思考并提出更多有智慧的想法，然后为新的机遇、成长和自我提升打开大门。这就是为什么成功人士总是问自己这样的激励性问题，而不是把自己能力有限当作借口奉为真理。

以下是一些常见的局限性思维的例子，看看如何将它们转化为激励性问题：

将"我买不起"转换成"我怎样才能买得起"。

将"我只是不擅长学习"转换成"我如何才能变得更擅长学习"。

当我们轻易接受自己能力有限而不去质疑它们的时候，就给自己关上了成长的大门，然后被自己困在自己创造的精神牢笼中。相反，试着让大脑去思考新的可能性，以及新的想法和机会，就能推动你的成长和进步，让未来掌握在自己手中。这个简单的心态转变会从根本上改变我们的生活。

（六）训练大脑去思考可能性

当你的思维方式已经停留在"我怎样才能让自己付得起"这类问题时，重点已经不再是钱的问题了，而是你需要学会突破自己的局限，训练大脑去思考更多的可能性和机会。大脑所创造的局限性思维，不应该成为你"不去做"的幕后推手。可惜的是，大多数人接受了自己的局限，这也成为他们无法进步、无法走出舒适区、更无法实现梦想的原因。接受这些局限的想法只会让你陷入精神牢笼，而这个牢笼里都是你错误的想法和过去的失败经历。

四、逆向思维的思考方法

逆向思维的具体思考方式包括反转型逆向思维法、转换型逆向思维法和缺点逆向思维法。

> **思维火花**
>
> 1901年，伦敦举行了吹尘器的表演，它用强大的气流将灰尘吹走。吹尘器除尘后，地面是干净了，可吹起的灰尘却呛得人透不过气来。一位设计师由此引发联想：如果反过来"吸尘"是否可行呢？不久，一个简易的利用负压的"吸尘器"诞生了。我们今天使用的真空吸尘器，还是根据这一原理设计的。

（一）反转型逆向思维法

反转型逆向思维法是指从已知事物的相反的方向或相对立的方向进行思考，从而产生新的发明构思的途径。

比如，图4-3所显示的图片，正看是男人，倒看是马头。有时候反过来思考，往往会取得意想不到的效果。

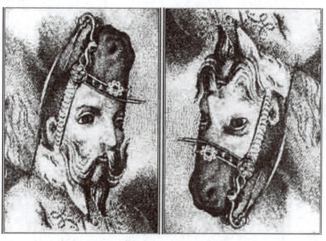

图4-3　图片

（二）转换型逆向思维法

转换型逆向思维法是指在研究问题时，转换解决问题的手段，使问题得以顺利解决的思维方法。

> **思维火花**
>
> 化学课上，老师掏出一枚金币指着玻璃器皿中的溶液说："刚才我已讲过这种溶液的性质，现在我把这枚金币扔进去，你们想一想，这枚金币会不会被溶化。"孩子们你看看我，我看看你，谁也答不上来。忽然，坐在第一排的霍特站起来大声说："肯定不会！""你回答得非常正确！"老师赞许地摸着小霍特的头，问他："今天的课堂内容，你是不是都弄懂了？"小霍特低下头说："我什么也没听懂。"老师惊讶地问："那你怎么知道金币不会被溶化呢？"
>
> 小霍特很快回答说："要是这枚金币能被溶液溶化的话，你怎么会舍得把它投进去呢？"

（三）缺点逆向思维法

缺点逆向思维法是一种利用事物的缺点，化被动为主动，从而找到问题的解决方法。

> **思维火花**
>
> 南唐后主李煜派博学善辩的徐铉到大宋进贡。按照惯例，大宋朝廷要派一名官员与徐铉一起入朝。然而朝中大臣都认为自己辞令比不上徐铉，谁都不敢应战，大家最后将这个情况上报给宋太祖。
>
> 宋太祖的做法，出乎众人意料。他命人找到10名不识字的侍卫，把他们的名字写上送进宫，然后用笔随便在名册上圈了个名字，说："这人可以。"在场的大臣都很吃惊，但也不敢提出异议，只好让这个还未明白是怎么回事的侍卫前去接待徐铉。
>
> 徐铉见了侍卫，滔滔不绝地讲了起来，侍卫根本搭不上话，只好连连点头。徐铉见来人只知点头，猜不出他到底有多大能耐，只好硬着头皮接着讲。一连几天，侍卫还是不说话，徐铉此时也讲累了，于是不再吭声。

逆向思维教会我们辩证地思考问题：既要正确地看待自己和别人的缺点，更应该善于发现自己和别人的长处，并能充分地开发利用。

▶▶▶ 五、正向思维和逆向思维的关系 ▶▶▶

正向思维强调从已知条件出发，逐步推导出结论，是一种常规的、顺向的思维方式，而逆向思维则强调从未知条件出发，逐步推导出结论，是一种反向的、创新的思维方式。

正向思维是逆向思维的基础和支撑，逆向思维则是正向思维的补充和拓展。在解决问题时，可以先使用正向思维进行分析和思考，如果无法得出结论或找到解决方案，再使用逆向思维进行分析和思考。同时，正向思维可以为逆向思维提供基础和支撑，帮助人们更好地理解和应用逆向思维。

> **思维火花**
>
> 格奥尔吉·康斯坦丁诺维奇·朱可夫是苏联杰出的军事家、战略家。在第二次世界大战中,有一天晚上盟军攻打柏林,按照作战计划,当天晚上苏军必须向德军发起进攻。之所以把进攻安排在晚上,是因为视线不好,是偷袭的好时机,可不凑巧的是当天夜里星星满天,这就给苏军夜袭带来困难。苏军元帅朱可夫思索良久,心生一计,他命令将全军所有的大探照灯都集中起来。在苏军向德军发起进攻时,140多台大探照灯同时射向敌军阵地,这样强烈的灯光照得敌军将士眼睛睁不开,什么也看不见,这样苏军很快就突破了德军的防线。这次苏军的袭击成功,无疑可归功于朱可夫元帅精妙绝伦的主意。黑夜进攻的目的就是让部队能够高度隐蔽不被敌军觉察,朱可夫元帅从缺点出发想到了"没有光"会使人"看不见",那么"强烈的光"同样也会使人"看不见"。在这场战役中朱可夫元帅采用逆向思维,利用事物的缺点,将缺点变为可利用的东西,化不利为有利。

总之,正向思维和逆向思维是两种不同的思维方式,它们各有所长,可以相互补充和相互促进。在解决问题和思考问题时,应该根据具体情况选择合适的思维方式,以达到更好的效果。

> **思维火花**
>
> 一位裁缝吸烟时不小心掉下烟灰,将一条高档裙子烧了一个洞,使裙子变成了残品。裁缝为了挽回损失,凭借其高超的技艺,在裙子小洞的周围又挖了许多小洞,并精心饰以金边,然后,将其取名为"金边凤尾裙"。这款金边凤尾裙不但卖了好价钱,还一传十,十传百,风靡一时,裁缝店的生意因此也十分红火。

第三节 线性思维、平面思维和立体思维

一、线性思维

(一)线性思维的内涵

线性思维是一种按照时间或逻辑顺序进行思考的方式(图4-4)。在线性思维中,人们喜欢按照一定的步骤或顺序来解决问题,并且强调因果关系和逻辑关系。线性思维在处理问题时具有清晰、有序、准确和有条理等特点,适用于许多科学和技术领域。线性思维强调从因果关系和逻辑关系出发,通过分析、推断、归纳、演绎等步骤寻求一种既有可操作性又能较好地解释和预测这种关系的结论。

图4-4 线性思维

▶ 典型案例

害死大象的线性思维

1962年，三位精神病医师为了研究LSD，也就是迷幻剂，提议用大象来进行研究。选择大象的原因是，正常健康状况下的大象，尤其是亚洲象，会定期经历从正常的平静顺从向最长为期两周的高度攻击性，甚至无法预测的危险状态转变。这三位精神病医师一致认为，这种狂暴状态，奇怪的且通常具有破坏性的行为是由大象脑中自动产生的LSD引发的。因此，他们想要观察LSD是否真能引发这一奇怪状态。如果真是如此，就可以通过研究大象来获得LSD在人体上疗效的信息。想做这个研究，首先需确定的是：应给大象注射多大剂量的LSD？当时，没人知道LSD的安全剂量，但人们知道，即使是不到0.25毫克剂量的LSD也会使人陷入幻觉。而对猫来说，LSD的安全剂量是每千克体重0.1毫克。因此，这些研究人员便根据这些数字来估算到底应给大象注射多少LSD。

这头大象的体重约为3 000千克，因此，他们预计，根据已知的猫的安全剂量，对这头大象来说，安全且适当的剂量应该是每千克0.1毫克乘以3 000千克，那就是300毫克的LSD。谁知，刚刚注射不到5分钟，大象就大叫起来，然后轰然倒下，进入了持续的癫痫状态。就这样，这头可怜的大象在被注射300毫克LSD，1小时40分钟后便死亡了。而研究人员得出的结论竟是：大象对LSD相当敏感。

其实，这根本不是真实原因，真实原因是他们习以为常的线性思维：猫的安全剂量是每千克0.1毫克，所以，按照线性思维的方式，就可以用0.1乘以3 000（因为大象的体重是猫的3 000倍），于是就给大象注射了300毫克LSD。但实际上，药物剂量应该如何从一种动物身上按比例缩放到另一种动物身上，依然是一个开放性的、没有最终结论的问题。

药物被运送到具体器官和组织并被吸收的过程中，涉及了诸多因素。如同代谢物和氧气一样，药物通常被运输穿过细胞膜，有时通过扩散的方式，有时通过网络系统运输。这样一来，决定剂量的因素便在很大程度上受制于一个生物体的表面积，而非其体积或重量，而且这些因素会随体重变化发生非线性的比例变化。对大象而言，适当的剂量应该接近几毫克，而非实际中执行的几百毫克。可见，药物剂量的缩放变化并不会随着药物使用对象的体重变化而呈线性变化。相反，它的变化是复杂的。

所以，害死这只大象的不是别的，正是这三位研究人员的线性思维。同样，对很多人来说，让他们一次次陷入困境的，可能也不是别的，而是早就习以为常的线性思维。

（资料来源：https://m.sohu.com/a/405041350_120504701/）

讨论：这个案例给我们什么启示？

线性思维通常是由一系列步骤组成的思考过程，以解决问题或达到目标为导向，这种方式适用于工程、数学、经济学、科学等领域的问题。例如，在编写程序或处理数据时，需要使用线性思维，按照逻辑严谨的顺序来处理数据，以达到预期的结果。总之，线性思维的优点在于它可以帮助人们在处理复杂信息时，快速而系统地找到有效的解决方案。

（二）线性思维的应用

线性思维是指人们从单一的线性角度来看待问题的方式，侧重于解决一系列单一的、有序的问题。它广泛应用于各种领域，包括科学、技术、商业和管理等。

（1）科学研究。在科学研究中，需要使用线性思维来解决各种单一的、有序的科学难题。例如，解决一个化学反应的机理需要分步骤推导反应路径和反应速率，这就需要运用线性思维来有序地分析和解决各个步骤，最终得到完整的反应机理。

（2）技术开发。在技术开发中，需要使用线性思维来解决各种单一的技术问题。例如，在设计一款手机时，需要考虑手机的硬件和软件架构、功能和操作体验等单一方面的问题，然后逐一解决这些问题，以确保手机的整体性能和用户体验。

（3）商业管理。在商业管理中，需要使用线性思维来解决各种具体的业务问题。例如，在解决一个市场营销的问题时，需要有序地分析市场需求、竞争情况、产品品质等单一方面的问题，而后提出解决方案并逐一施行，以实现整体市场营销目标。

（4）人际交往。在人际交往中，需要使用线性思维来解决各种单一的交流问题。例如，在与同事沟通时，需要有序地表达自己的意见并听取对方的反馈，以达成共同的目标。

线性思维在很多领域中都有重要的应用。它可以帮助人们从单一、有序的角度来看待问题，从而逐一解决分析复杂的问题。

（三）线性思维的局限性

（1）忽略了系统和整体性。用线性思维解决问题时，常常重点关注单一问题，而忽略了问题与周围环境之间的整体联系和系统影响。这使线性思维难以解决复杂的、涉及多方面的问题。

（2）不适应新的、未知的情况。线性思维基于已有的、熟悉的信息来推导问题和解决方案，当面临未知的、新的情况时，它难以适应。

> **思维火花**
>
> 比如：一辆车抛锚在漆黑的夜晚，车主初步判断油烧光了，便下车检查油箱。没有手电筒，他就顺手掏出打火机来照亮，结果"轰"的一声巨响，油箱爆炸了。事后，他躺在病床上自悔引火烧身："当时只想借打火机的光，看看油箱里还有多少油，根本不曾想打火机的火会引爆油箱。"这是典型的线性思维惹的祸。

（3）缺乏创造性和创新性。线性思维通常是基于已有的知识和经验，由此得出的结论在某些情况下可能被限制。它的计算和推理方式对原有预设做出微调，但难以创造出原本不存在的新方案和新想法。

（4）忽略了多样性和个性化。线性思维通常是建立在一般规律和一般问题之上的，它难以考虑到每个个体的差异和个性化需求。

> **思维火花**
>
> 世界顶级理论物理学家杰弗里·韦斯特，在中国出版了他的新书《规模：复杂世界的简单法则》（中信出版社，2018年出版）。在这部融合了物理学、生物学、城市治理、商业组织等多个学科的专著中，韦斯特批判的是一种简单的线性思维。

韦斯特的论述涉及范围很广，在城市治理上，他主张建立超级城市。原因是他发现城市每大一倍，需要的基础设施数量就少15%。举个例子，800万人口的城市，只需要8个100万人口城市52.2%的基础设施，城市的效率得到了极大提升。

韦斯特采用的是物理学的方法论，他最终得出的还是一些带有规律性的结论。例如，尽管他说的城市大小和基础设施使用效率的关系不是线性的，但在坐标系中也可以看成一条抛物线。然而在生活中，存在大量的影响因素，根本就没有绝对的规律可循。

（5）容易被误导。线性思维受信息和偏见的影响比较大，使人易忽略额外信息，使容易犯错或被误导。

这些缺点和限制说明，当面对复杂的和未知的问题时，使用更综合、折中的思维方式可能更适当。此时，在使用线性思维解决单一问题的基础上，应使用更综合和全面的思维模式，考虑更多因素，以解决这些复杂问题。在复杂的问题和未知的情况下，需要运用更综合和创新的思维方式。

二、平面思维

什么样的东西可以做成一幅"画"呢？当然是有纸和墨就行了！这只是简单的线条型的单向思维。如果我们把"画"字放在一个平面上，同所有可以想象到的名词联系起来，我们发现了什么？头发、石头、蝴蝶翅膀、金属、麦草、树叶、棉花……都可以用来做成精美的画，我们完全成了"画"的发明家！

我国古代著名人物诸葛亮擅长用"兵"，这是众所周知的事实。一般人可能认为只有"人"才可以当"兵"用，但在诸葛亮的思维中，水、火是"兵"，草、木也是"兵"，东风更是可以借来当作"兵"用的。他可以找到比"人"更多的事物来当"兵"用，这就是平面思维的效果。

"龙"是中国古代的一种虚构的神物，它的形象是由许多动物形象中最神奇的部分组合而成。汉代学者王充就曾指出过，龙的角像鹿、头如驼、眼睛如兔、颈如蛇、腹似蜃、鳞如鲤、爪似鹰、掌如虎、耳朵像牛。这不能不说是古人平面思维的结晶。

思维火花

第二次世界大战期间，彼得格勒遭到德军的包围，经常受到敌机的轰炸。昆虫学家施万维奇从蝴蝶五彩缤纷的花纹能迷惑人的现象中受到启发，建议对重要目标进行迷彩伪装。这一招十分有效，大大降低了重要目标的损伤率，也就有了今天的军用迷彩服。这绝对不是用单向线性思维就可以做到的。

（一）平面思维的内涵

平面思维是指人们在处理问题和信息时，倾向于从表象上进行分析。平面思维偏重于形状、颜色、大小和位置之间的关系。这种思维方式适用于设计、美术和几何等领域，需要人们具备良好的观察力、图像记忆和图形推理能力，能够处理空间中的各种关系。

> **思维火花**
>
> 杨老板在国道边上开了个饭馆,生意却很不景气,只能眼睁睁地看着流水般大车小车从门前开过,却很少有人光顾。他用打折、送汤等吸引顾客的方法,都没有起到什么作用,最后只好关门大吉,把饭馆转让给了一位姓马的老板。
>
> 这位马老板别出心裁地在饭店旁边修建了一个很漂亮的公共厕所,并做了一个不收费的醒目牌子,许多司机路过这里时总要停下车去趟厕所。
>
> 马老板此举,便是让旅客们方便方便,顺便再让大家去饭馆就餐。从此,这个饭馆的生意一天比一天红火,来这里吃饭的人也越来越多。不到两年,马老板就把小饭馆扩建成了三层的大饭庄。

(二)平面思维的应用

平面思维可以帮助人们识别各种形状,包括平面、曲面、空间和几何形状。这种思维方式使人们能够更好地了解和创造新的产品和艺术作品,并理解工程学、几何学、设计学和建筑学等学科的基本概念。

比如:

(1)工程制图。

在工程制图中,需要使用平面思维来绘制各种平面图和工程设计图。例如,在绘制建筑平面图时,需要准确绘制建筑物的外形和内部布局,并标识出门窗、烟囱、管道和电路等细节信息,以便建筑师和工程师理解和实现设计方案。

(2)几何学。

在几何学中,需要使用平面思维来解决各种二维平面几何问题。例如,在解决一个三角形的周长和面积时,需要使用平面思维将它拆分成各个单独的线段和角度,并计算它们之间的关系,以得到最终的周长和面积值。

(3)制图和设计。

在制图和设计中,需要使用平面思维来创作各种平面设计和艺术品。例如,在绘画中,需要使用平面思维来创作各种单纯的二维图案和元素,并将它们组合成一个整体,以表现出主题和意图。

(4)计算机图形学。

在计算机图形学中,需要使用平面思维来处理和呈现各种二维和三维的图形和图像。例如,在绘制一个3D模型时,需要使用平面思维将其分割成更小的组件,并在一个平面上绘制它们的轮廓和形状,从而创建高质量的3D模型。

平面思维在制图、设计、计算机图形学、几何学等领域中都有广泛的应用。它可以帮助人们更好地理解和表达平面视角下的各种形状和结构,并创作出各种美观而实用的作品。例如,在几何学中,使用平面思维可以帮助我们理解图形、计算面积和体积等。在美术创作中,需要使用平面思维来制订设计方案,选择色彩和材料,实现视觉效果。

> **思维火花**
>
> 有一道香港小学新生入学测试题，卡片上画着几个并排的停车位，从左往右共6个车位，车位号依次是16，06，68，88，?，98。第五个车位上停着一辆车，遮挡住了车位号。问：汽车停的是几号车位？
>
> 这道题很多成年人答不上来，因为这几个数字太缺乏逻辑性，实在看不出到底存在什么关系，这就形象地说明线性思维的局限性。相反，小学生倒可能很容易答出来，因为他们的思维没有成年人那些条条框框。这道题的正确答案是：汽车停的是87号车位。道理很简单，只要把图片倒过来看，就明白为什么是87号了。

（三）平面思维的局限性

运用平面思维要注意以下方面：

（1）忽略了空间中的深度和立体感。

平面思维只关注二维平面上的问题，忽略了空间中物体的立体感和深度。这使平面思维难以解决一些涉及立体空间的问题。

（2）狭隘。

平面思维只专注于二维平面上的信息和问题，难以涵盖更广泛的问题和想法。

（3）无法解决过于复杂的问题。

平面思维能解决许多问题，但对于一些非常复杂或不可预测的问题，往往会遇到困难。

（4）没有细节视野。

平面思维只能着眼于表面，难以充分反映问题本身的细节。

（5）可能导致误解。

因为平面思维将问题限制在二维平面上，会导致对某些问题的误解，或者提出的解决方案无法很好地实现。

这些缺点表明，平面思维并不适用于所有问题，而需要更加综合和多元的思考方式来处理各种问题。因此，我们应当在不同的情况下灵活运用不同的思维方式，以寻找最佳的解决方案。

三、立体思维

（一）立体思维的含义

立体思维是指人们从三维空间中来看待事物的方式。它是一种空间思维方式，侧重于三维物体的形状、方位和运动等。立体思维对于处理设计、工程、航空航天和机械制造等领域的问题是非常重要的。

立体思维可以帮助人们想象和理解空间中的结构、形状和比例关系。它可以使人们更好地理解和运用立体几何学、空间力学和建筑学等学科的基本概念，例如在设计建筑物或机器时，需要使用立体思维来制订设计方案，确定尺寸和形状，使设计符合物理规律和工程要求。

> **思维火花**
>
> 一次，爱因斯坦正在陪三岁的儿子玩，儿子突然很认真地问爱因斯坦："爸爸，你是不是天才？"
>
> 爱因斯坦非常困惑，他摇摇头说："不是。"儿子天真地说："骗人！不是的话为什么只有你研究出了相对论？为什么别人都说你是天才？"爱因斯坦听后用同样认真的语气说："不是我比别人更聪明，而是我和别人看问题的方式不一样。比如，一个甲虫在一个篮球上爬行，由于它所看到的世界都是扁平的，这样它永远不会知道自己在一个有限的球体上爬行，它还以为在征服一个无限的世界呢。如果这时候飞过来一只蜜蜂，它一眼就看出甲虫是在一个有限的球体上爬行，因为蜜蜂的视觉是立体的，这对它来说是轻而易举的事情。而你爸爸恰好就是那一只蜜蜂，所以我发现了相对论。"
>
> 爱因斯坦告诉了我们什么是立体思维。所谓立体思维就是要俯瞰全局，而不是以偏概全。就像爬一座山，在半山腰的时候我们永远不能全面客观地认识这座山。只有当我们站在山顶、俯瞰全局的时候，我们才能有更准确的理解。

立体思维可以通过观察、想象、推理和实践等多种方式来培养和发展。例如，在学习建筑学或机械制造时，需要使用三维模型来帮助人们想象建筑或机器的形状和方位关系。在机器设计和制造过程中，需要使用三维软件来设计和显示机器的各个部分，方便进行优化和改进。

（二）立体思维的应用

立体思维广泛应用于各种领域，包括工程设计、建筑设计、制造业、科学和艺术设计等。

（1）工程设计：

在工程设计中，需要使用立体思维来设计和制造各种复杂的机器和设备。例如，设计一个飞机需要考虑各个部件之间的位置关系，以及它们如何相互作用以产生飞行力和控制力。这就需要运用立体思维来想象和理解这些部件的结构和形状。

（2）建筑设计：

在建筑设计中，需要使用立体思维来构思建筑物的形状和结构，并设计建筑物内外空间的布局。例如，在设计高层建筑或桥梁时，需要运用立体思维来计算材料的支撑力和结构的稳定性。

（3）制造业：

在制造业中，需要使用立体思维来设计和制造各种产品。例如，在汽车制造中，需要使用立体思维来构思车身框架、发动机系统和底盘悬挂系统等部件的形状和尺寸，并考虑如何在三维空间中完成制造的各个步骤。

> **思维火花**
>
> 现代科学技术和军事装备中，经常要用到非常精确而且灵敏度很高的电子设备，而装备这些设备，往往需要几十万甚至几百万个晶体管、电阻、电容等电子元件。如

果把数量如此之大的元件组装成设备,不仅体积庞大,携带和使用不便,而且设备的性能也受到极大的影响。怎么解决这个矛盾呢?能否把所需要的电子元件整体地制作在半导体的晶片上,从而制成具有特定功能的集成电子线路呢?

科学家们经过研究,把电子元件的平面式的接线方式改为立体式的连接,充分利用真空扩散、表面处理、掺杂等工艺,制成了平面型的包含晶体管、电阻、电容的固体组件,并且把这些很薄的固体组件通过层层重叠的方式组装起来,构成了微型组合电路。在经过了小型、中型和大型试验后,第一块大规模集成电路诞生了。在30平方毫米的硅晶片上,拥有13万个晶体管的电子线路。

很显然,如果没有立体思维方法的指导,那么就不会有集成电路的发明,也不会出现今天这样高度发达的微电子工业。

(4) 科学:

在科学领域中,需要使用立体思维来理解科学现象和理论。例如,在研究天体物理学时,需要使用立体思维来理解星球的运动和位置关系,从而透彻地理解天体运动规律。

(5) 艺术设计:

在艺术设计中,需要使用立体思维来创作各种立体艺术品和雕塑。例如,在雕塑创作中,需要运用立体思维来想象一个饱满的人体或者一个飘逸的布料,从而使雕塑表现更加生动、逼真。

思维火花

在现代艺术史上,任何雕塑作品都没有《思想者》那么大的影响。《思想者》是罗丹在1880年创作的,先是泥塑,后来由石膏模子铸成青铜像,高仅72厘米,全世界仅有56尊。1902年,罗丹应雕塑家亨利·勒博塞的要求,制作了"巨无霸"式的《思想者》,高2米,重700千克。现在,已知的"巨无霸"式《思想者》雕像仅有22个。据拍卖商估计,如果有一个真品到市场上拍卖的话,至少可以卖到1 000万美元。

《思想者》是一件雕塑作品,栩栩如生,是作者立体思维的再现。《思想者》在思考什么呢?作者给我们留下了十分广阔的思考空间:如果他是艺术家,他可能是在想艺术创作;如果他是科学家,他一定是在想未来的世界到底是什么样子?总之,想什么并不重要,问题在于观赏者本人认为他在想什么。也许,这才是作者创作的主要目的。

立体思维在设计、制造、科学和艺术等领域中都有广泛的应用。它可以帮助人们更好地理解和表达三维空间中的物体、形状和结构,并为人们创造更多复杂且精美的成果提供帮助。

(三) 立体思维的局限性

虽然立体思维是一种更为全面和综合的思维方式,但也存在以下缺点:

(1) 对初学者来说比较困难:

立体思维需要从三维空间内的各种角度观察问题,这要求思考者对三维空间有一定的认识和理解,对初学者来说比较困难。

(2) 需要耗费较多的精力和时间：

立体思维需要运用更广泛的动脑方式，耗费较多的精力和时间，与简单的线性思维相比，可能更加困难，也能耗费更多时间。

(3) 需要更为准确和精细的计算能力：

在涉及复杂的数学计算时，立体思维需要计算良好的精确性和细致的计算，这需要有较高的计算技能和数学能力。

(4) 受个人感官和经验的影响：

立体思维需要对空间中的形状、大小、位置等各种空间信息进行处理，在这一过程中，受个人感官和经验的影响，可能导致推断和计算不正确。

总之，立体思维虽然更为全面和综合，但在实践过程中也存在一些缺陷和不足。我们应灵活应用不同的思维方式，以达到解决和推理各种问题的目的。

线性思维、平面思维和立体思维都是不同的思维方式，没有对与错，在不同的情境和问题中，不同的思维方式能产生有效的结果。它们不是互相排斥的关系，而是相互补充的关系。在面临不同的情境或解决不同的问题时，我们可以选择不同的思维方式，以达到更好地解决问题的目的。因此，重要的是确定和应用适当的思维方式，以帮助我们理解问题、解决问题并实现目标。

思维训练

1. 已破碎的镜子可以用来做什么？

2. 有两个人，一个人脸朝东、一个人脸朝西地站着，不准走动，不准照镜子，怎样才能看到对方的脸？

3. 找到你身边的朋友或同学，在他（她）的帮助下客观地罗列出自己的优点和缺点。

4. 有一个广告商带着爱徒出游。一天两人走得正饿，发现前面有一家小食品店，上前一看，门前小黑板上用粉笔写着："桂花汤圆，1元钱1个。"广告商一摸口袋，发现只剩下1元钱现金，只能买1个汤圆，两个人怎么吃？一个人至少得吃5个汤圆吧。于是就望着小黑板上的"1元钱1个"发呆，忽然他灵机一动，对着徒弟一阵耳语，叫徒弟办一件事，自己进店要了10个汤圆。两人吃完汤圆后付给店老板1元钱。店老板说："不对呀，应该是10元钱。"师徒二人据理力争，说得店老板哑口无言。请问：这是怎么一回事？

户外拓展

1. 蒙眼作画。

参加人数：10~20人。

活动时间：10~15分钟。

活动目的：锻炼团队成员的注意力。

活动规则：所有队员用眼罩将自己的眼睛蒙上，然后给每人分发一张纸和一支笔，要求他们将教室中某件物品或指定的其他物品画在纸上，待画完成后，要求队员摘下眼罩，欣赏自己的杰作，并与他人一起分析蒙上眼睛是否对作画产生不良影响。

2. 链接加速。

参加人数：6人一组。

活动时间：30~60分钟。

活动目的：培养团结协作精神。

活动规则：参加游戏者6人一组，后边的人左手抬起前边的人的左腿，右手搭在前边的人的右肩形成小火车，最后一名同学也要单脚跳步前进，不能双脚着地。场地上划好起跑线和终点线，其距离为30米（以一篮球场宽为准，来回），游戏开始时，各队从起跑线出发，跳步前进，绕过障碍物回到起点，最先到达起点的为胜。

3. 心心相印（夹背球）。

参加人数：6人一组。

活动时间：10~30分钟。

活动目的：提高团队成员相互间的默契度。

活动规则：参加游戏者，后边的人左手抬起前边的人的左腿，右手搭在前边的人的右肩形成小火车，最后一名同学也要单脚跳步前进，不能双脚着地。场地上划好起跑线和终点线，其距离为30米（以一篮球场宽为准，来回），游戏开始时，各队从起跑线出发，跳步前进，绕过障碍物回到起点，最先到达起点的为胜。按时间记名次，按名次记分。

脑力激荡

1. 自由联想。

根据所给的词语展开自由联想，词语顺序可以随意打乱，形成完整的一段话。

（1）乌云　下雨　孩子　皇帝　大海　衣服　冷饮　桌子　小猫　地震

（2）水管　开水　插座　触电　电梯　黑夜　水井　白兔　洗衣粉　洗澡

（3）牢房　偷看　长城　高楼　艺术　广告　蓝天　蜻蜓　火柴　衣服

2. 联想记忆。

要求：用1分钟（或1分20秒）时间识别下列20个概念及其序号，到时间后默写自己的记忆结果。可根据后面的公式计算记忆效率（序号错了得分减半）。

（1）闪电　　　　（11）图板

（2）西瓜　　　　（12）社会学

（3）宝塔　　　　（13）移动电话

（4）骄傲　　　　（14）草帽

（5）圆珠笔　　　（15）MTV

（6）飞艇　　　　（16）校徽

（7）香港　　　　（17）矿泉水

（8）皮靴　　　　（18）诗

（9）乒乓球　　　（19）存储器

（10）柳树　　　　（20）牙刷

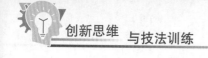

3. 某地有两个奇怪的村庄。

甲村庄的人在星期一、星期二、星期三说谎话，乙村庄的人在星期四、星期五、星期六说谎话，在其他的日子里他们都说真话。

一天，有人问："今天是星期几？"

甲村庄的人告诉他："昨天是我说谎的日子。"

乙村庄的人告诉他："昨天是我说谎的日子。"

那么，今天是星期几呢？

4. 寻找天价邮票。

美国国家博物馆的一张价值60万英镑的邮票被人偷了。经FBI警员仔细调查后，锁定了一名疑犯。当他们火速来到犯罪嫌疑人所居住的公寓时，发现这个犯罪嫌疑人正在家和宠物玩。当FBI警员给他录口供时，他极其配合，没有任何紧张的神情。由于天热，他还专门为FBI警员开了空调。

他们在犯罪嫌疑人的公寓里转悠了几圈，并没有发现任何蛛丝马迹。犯罪嫌疑人"家徒四壁"，屋内除了床及沙发外，并没有多少陈设。警长刘易斯把桌上仅有的几本杂志都翻遍了，没有发现邮票的踪迹。事已至此，案情陷入了僵局。

刘易斯缓缓地坐在空调正对面的沙发上。忽然他看到侧面窗台上疑犯栽种的绿植的叶子正在随风摆动，因为犯罪嫌疑人并没有关窗。"奇怪，为什么犯罪嫌疑人开了空调，但不关窗户呢？"想到这里，刘易斯发现了玄机。他起身关上了空调，然后把窗户开得更大了。就在这两个连续的动作间，他敏锐地捕捉到了犯罪嫌疑人惊诧、恐慌的神情。

最后，他们在空调的叶片中，发现了那枚邮票。

你知道整个过程中，刘易斯是怎么发现线索的吗？

技法篇

第五章 逻辑思维法

逻辑思维法是指在思维过程中借助概念、判断、推理等思维形式，对事物内在的逻辑关系进行反映的一种方法。逻辑思维几乎存在于每一项创新实践中，作为一种技法也已具备较为成熟的知识体系，其中概念分析和逻辑推理应用比较广泛。

第一节 概念分析

概念有内涵和外延两个特征，概念内涵是反映概念中对象的本质属性或特有属性；概念外延是那些具有概念所反映的本质属性或特有属性的事物、对象。比如：商品这一概念的内涵是用来交换的劳动产品；而手机、电脑、汽车等就是商品的外延。

> **典型案例**

雨果和宪兵

19世纪法国著名的大作家雨果在出国旅行经过某个国家的边境时，遇到了检查登记的宪兵。宪兵和雨果之间发生了一段如下的对话：

宪兵："姓名？"

雨果："维克多·雨果。"

宪兵："干什么的？"

雨果："写东西的。"

宪兵似乎有点不解，继续盘问道："靠什么谋生？"

雨果不耐烦地答道："笔杆子。"

宪兵结束了盘问，在登记簿上面写着：姓名：维克多·雨果。职业：笔杆贩子。想不到享誉世界的大作家竟然被当作了贩笔的商人，这真是令雨果啼笑皆非。

为什么雨果如实回答，却还是被宪兵填错了职业呢？这是因为，在这个故事中，宪兵对于"以笔杆子谋生"这个概念的理解和雨果是完全不同的。在宪兵眼中，"以笔杆子谋生"的外延就是指那些贩笔商人，而雨果认为，像自己这样用笔写文章的作家都可以称得上"以笔杆子谋生"。正是两人对同一个概念的外延认识不同，造成了这样的误会。

（资料来源：http：//www.360doc.com/content/12/0121/07/27972427_634342247.shtml）

讨论："以笔杆子谋生"与"作家之间存在"有什么关系？

概念与外延之间一共有两大类关系：有关系（相容关系）与无关系（全异关系）。相容关系包含四种关系：全同关系、属种关系、种属关系、交叉关系；再加上全异关系，所以我们一般会说概念之间有五种关系。

一、全同关系（同一关系）

如果两个概念的外延完全重合，那么，它们之间的关系就是同一关系，也叫作全同关系。在同一关系下的两个概念所指的范围、对象是一致的。例如，"世界上最高的山峰"和"珠穆朗玛峰"，说的都是同一座山峰，两者的外延完全重合；又如"等边三角形"和"等角三角形"等。

全同关系是指两个概念的外延完全重合的关系。例如：

(1) (A) 等边三角形　　(B) 等角三角形

(2) (A) 农历正月初一　(B) 春节

二、属种关系

对于两个概念A、B之间，如果所有的B都是A，但有的A不是B的，那么，A与B就是属种关系。在A和B的从属关系中，外延较小的B叫作种概念，外延较大的概念A叫作属概念，也可以说是A真包含B，A对于B是属种关系。例如，"学生"和"大学生"之间就构成了属种关系，"学生"是"大学生"的属概念，"大学生"是"学生"的种概念，"学生"对于"大学生"是属种关系，即"学生"真包含"大学生"。

属种关系就是指属概念的部分外延与种概念的全部外延相重合的关系。属种关系又称真包含关系。例如：

(1) (A) 汽车　　(B) 电动汽车

(2) (A) 学生　　(B) 大学生

三、种属关系

在两个概念A、B之间，如果所有的A都是B，但是有的B不是A，那么，A与B就构成了种属关系。在A和B的从属关系中，外延较小的A叫作种概念，外延较大的B叫作属概念，A对于B是种属关系；也可以说是A真包含于B。例如，"小学生"和"学生"之间就构成了种属关系，因为所有的"小学生"都是"学生"，但是"学生"还包含了"中学生"等，在它们之间的关系中，"小学生"是"学生"的种概念，"学生"是"小学生"的属关系。种属关系就是指种概念的全部外延与属概念的部分外延相重合的关系。种属关系又称真包含于关系。例如：

(1) (A) 大学生　　　　(B) 学生
(2) (A) 青岛滨海学院　(B) 高校

▶▶ 四、交叉关系 ▶▶

如果两个概念的外延之间仅有一部分是重合的，而且各自的外延都有不重合的部分，那么，这两个概念之间就是交叉关系。用 A、B 表示两个概念，在交叉关系下，即有的 A 是 B，有的 A 不是 B，并且，有的 B 是 A，有的 B 不是 A。

例如，"男人"和"教师"这两个概念就是交叉关系，因为男人当中有职业是教师的，也有职业不是教师的，而教师当中又有女教师，显然，它们之间是交叉关系。

交叉关系指一个概念的部分外延与另一个概念的部分外延相重合的关系。例如：

(1) (A) 团员　　　　(B) 大学生
(2) (A) 男人　　　　(B) 教师

▶▶ 五、全异关系 ▶▶

全异关系就是指两个概念的外延没有任何部分重合的关系。例如：

(1) (A) 风　　　　　(B) 毛笔
(2) (A) 考试通过　　(B) 考试挂科

全异关系可进一步分为反对关系、矛盾关系。

1. 反对关系

具有全异关系的两个概念，如果同时属于另一个属概念中，并且它们的外延之和小于其属概念的外延，那么，这两个概念间的外延关系就是反对关系。

对于 a、b 两个概念，如果它们的外延没有任何部分重合，并且对于它们的属概念 c 的外延来说，a 与 b 的外延只是其中一部分，即 c>a+b，那么，a 与 b 之间就是反对关系。

比如，"红色"和"蓝色"，它们的属概念是"颜色"，但是除了"红色"和"蓝色"，"紫色"也是"颜色"的外延，因此，它们之间是反对关系。又如：

(A) 提倡　　　　　(B) 反对

2. 矛盾关系

具有全异关系的两个概念，如果同时属于另一属概念之中，并且它们的外延之和等于其属概念的全部外延，那么，这两个概念间的外延关系就是矛盾关系。

对于 a、b 两个概念，如果它们的外延没有任何部分重合，并且对于它们共同的属概念 c 的外延来说，不是 a，就是 b，即 c=a+b，那么，a 与 b 之间就是矛盾关系。显然，在 a 与 b 的矛盾关系中，有三个概念：a 与 b 都真包含于 c，因为它们的外延都是 c 的外延的一部分，同时，a 与 b 之间没有重合的外延；最后它们的外延加起来就是概念 c 的外延。

例如，"男生"和"女生"，对于它们的属概念"学生"，任何一个"学生"，不是"男生"，就是"女生"，而且"男生"和"女生"之间互不相容，因此，它们是矛盾关系。

概念关系概括起来，如图 5-1 所示。

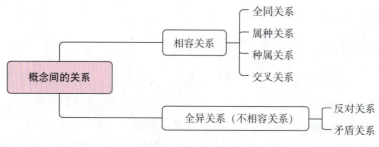

图 5-1　概念关系

判断 a、b 两个概念的关系时，要先看 a 与 b 是否相交，若相交，则为相容关系。再依据两个概念相交部分的大小判断：若 a 与 b 完全重合，则 a 与 b 就是同一关系；若相交部分是 a，关系则为 a 真包含于 b；若相交部分是 b，关系则为 a 真包含 b；其他情况下则为交叉关系。若 a 与 b 不相交，则为不相容关系，再继续看它们的属概念 c（a、b 属于同一个属概念），如果 a+b=c，则是矛盾关系；如果 a+b<c，就是反对关系。概念 a、b 的关系分类如图 5-2 所示。

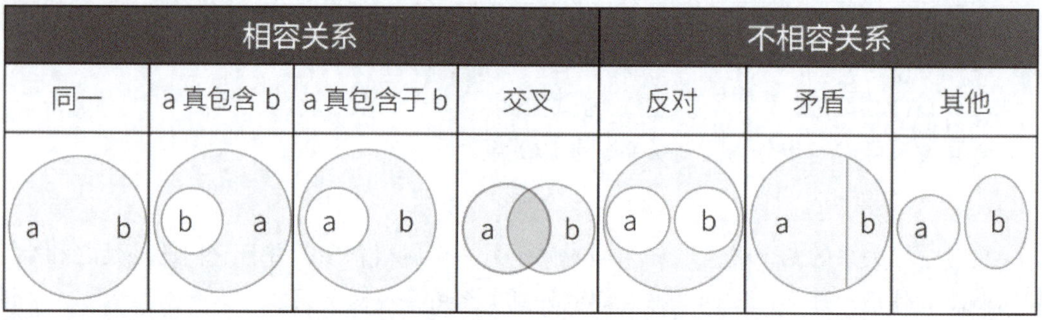

相容关系				不相容关系		
同一	a 真包含 b	a 真包含于 b	交叉	反对	矛盾	其他
a b	b a	a b	a b	a b	a b	a b

图 5-2　概念 a、b 的关系分类

第二节　逻辑推理

《淮南子》曰："尝一脔肉，知一镬之味；悬羽与炭，而知燥湿之气；以小明大。见一叶落，而知岁之将暮；睹瓶中之冰，而知天下之寒；以近论远。"这几句话之意思是：品尝一块肉的味道而知一锅肉的味道；由悬挂的羽毛和炭可知空气湿度变化；看见一片叶子落下，可以推知秋天已经来临，一年快到了尽头；看到瓶里的水结冰，就知道天气变寒冷了。这其实都是在运用推理。推理是人们根据已知事物认识未知事物、根据已知知识获得未知知识的重要方法。逻辑推理的方法有演绎推理、归纳推理及类比推理等。

> 典型案例

包拯破案

　　传说包拯三十岁当了开封府尹。那时，他已经是个有智有谋的清官，当朝大师王延龄推荐他来京主事。王延龄是三朝元老，还日夜思念着国事。包拯虽是他推荐的，但是他对包拯的人品、才智究竟怎样，还了解得不那么清楚，总想找个机会试试包拯的才能。

　　这天一早，老太师刚刚起身，洗漱完毕，要婢女端上早点——三个五香蛋。一个鸡蛋刚吃完，忽听家人禀报："新府尹包拯来拜。"

　　王延龄一听，惊喜异常，一面吩咐："快请。"一面脑子转开了："我何不借此机会当面试试他呢。"

　　怎样试呢？王延龄拿着筷子，正要夹第二只蛋时，主意来了。他赶忙放下筷子，端起蛋碗放到桌上，对身边的婢女说："秋菊，你替我办件事，好吗？"

　　秋菊说："老太师尽管吩咐。"

　　王延龄指着桌上的五香蛋说："秋菊，你把这两只五香蛋吃了，任何人追问，不管怎样哄骗、威胁、拷打，你都不要说是你吃的。凡事有我做主，事后再赏你。"

　　秋菊听了一愣，可是老太师的吩咐又不敢拒绝，只得照吃了。

　　王延龄看她吃了，就走出内室，到了中堂，见到包拯后寒暄了几句，便说："舍下刚发生一桩不体面的事，想请包大人协助办理一下。"

　　包拯说："太师不必客气，有事只管吩咐，下官一定照办。"

　　"那好。"王延龄说罢，便起身领着包拯走到内室指着空碗说："每天早上，我用三只五香蛋当早点。今日，刚吃了一只，因闹肚子，上厕所一趟，回来时剩下的两只五香蛋不见了。此事虽小，不过太师府里怎能有这样手脚不干净的人？"

　　包拯点点头，问道："时间多长？"

　　"不长。头尾半顿饭的时间。"

　　"这段时间内，家里有没有外人来了又走的？"

　　"没有。"

　　"老太师问了家里众人吗？"

　　"问了，他们都说未见。你说怪不？"

　　包拯思索片刻说："太师，只要信得过，我立即判明此案。"

　　王延龄双手一拱，说："那就仰仗包大人了。"

　　"太师，恕我放肆啦！"

　　"不必客气。"

　　包拯挽起袖子，走出内室，来到中堂，吩咐说："现在太师府里大小众人，全部集中，分列站立。"

　　常言说得好，宰相家人四品官。这些家人虽然站立一旁，但并不把新府尹放在眼里。

　　包拯一见火了，桌子一拍，喝道："王子犯法，与庶民同罪。今日，我来办案，诸位休得怠慢，免得皮肉吃苦。谁偷吃了太师的五香蛋，快说。"

众人一惊，顿时老实了。可是包拯连问三次，这些家人竟像木头桩子一样，闷声不响。秋菊站在那里，也像无事的一样。王延龄在一旁睁大眼睛，装着急于要把此事弄明白的样子，眼看众人一言不发，他想："包拯啊包拯，这事够你喝一壶了，下一步你难道和一般官员一样动刑吗？即使棍棒下面找出犯人来，也不算高明。"想到这，故意说："包大人，常言说，肉怕渣，人怕打，既然他们不说，你就用刑吧！"

包拯把手一摆说："不。"转脸对众人冷笑两声，说："偷蛋的，你不招认，我自有办法。来人啊，给我端碗清水和一只空盘子来。"

"是。"随从答应着去办了。

王延龄看到这里，心里乐了，包拯果然名不虚传。审理案子能够动脑子，不屈打成招。

王太师正在想时，随从把一碗水和一只盘子拿来了。包拯随从把盘子放在屋中间。然后说："每人喝口水，在嘴里漱漱吐到盘子里，不准把水咽下肚。"

头一个人喝口水，漱漱吐到盘子里。包拯瞅瞅盘子里的水，未吱声，又让第二个人把水吐到盘里。包拯又瞧瞧，又未吱声。轮到第三人，正是秋菊，她拒绝喝水漱口，包拯离开了座位，指着她说："嘿嘿，鸡蛋是你偷吃的。"

秋菊顿时脸红到脖子梗，低头搓弄着衣角。王延龄忙说："包大人，你断定是她偷吃的，道理何在呢？"

包拯说："如果不是她吃的，她不必拒绝喝水漱口，也不用这般羞愧得脸红。她应该大大方方地跟大家一样按要求照做。"

一席话说得太师点头称是。心想，这包拯还真有招数哩。口里却说："包大人，此事已明，算了吧，让他们散了吧！"

包拯摇摇头说："不行。案子到此，只明了头，尾还没收呢。"

"此话怎讲？"

包拯严肃地说："秋菊只是为人捉弄，主犯不是她。"

王延龄一惊，想不到包拯这么年轻，遇事想得这么周全，办事这么干练。索性试到底吧，便说："包大人，这样说她吃鸡蛋是受人指使啦，此人又是谁呢？"

包拯认真地说："此人就是太——师——你。"

"啊！"

王延龄笑着连连点头，转脸对众人说："这事正是我要秋菊做的，为的是试试包大人怎样断案。包大人料事如神，真是有才有智。你们回去，各干各的吧。"

这时，秋菊脸上才现出笑容，和大家一道散去。

等人走后，王延龄问道："包大人，你根据什么断定是我指使秋菊的呢？"

包拯说："秋菊已是个大姑娘，懂得道理，犯不着为两个鸡蛋闯下祸，这是一；二是，当我知道是她吃了鸡蛋时，她感到羞愧和委屈；三，这一条，也是最重要的，在全府众人面前她被当众说出是偷吃，这事如果不向众人说清楚，秋菊以后就不能过安分日子。太师虽是开玩笑，试试我的才智，我要是一步处理不慎，不是会留下后患来吗？"

一席话，说得王太师连连点头，佩服地说："包大人，有你坐镇开封府，我放心啦！"

（资料来源：https://doc.wendoc.com/b9dd34ce8841bcc79b09382af021fa23e3ba0b0ce.html）

讨论：包拯是怎样推断出最终的结论的？

一、演绎推理

演绎推理是由一般到特殊的推理方法，其前提与结论之间的联系是必然的，是一种确定性推理。演绎推理中由一个前提推出一个结论就是直接推理，主要包括联言推理、选言推理和假言推理；由两个或两个以上前提推出一个结论就是间接推理，主要是三段论推理。

（一）直接推理

1. 联言推理

联言推理就是根据联言命题的逻辑特性（即各命题为真，联言命题才真）进行的推理，它的前提或结论是联言命题。例如：

"我通过了逻辑学和创新思维的考试"，根据这个前提，我们可以分别推出"我通过了逻辑学考试"和"我通过了创新思维考试"。

2. 选言推理

选言推理就是根据选言命题的逻辑特性进行的推理。例如：

A 空调滞销，或者因其售价高，或者因其质量差。

A 空调滞销，不是因其售价高，所以，A 空调滞销是因其质量差。

3. 假言推理

假言推理是根据假言命题的逻辑特性进行的推理，它包括三种假言命题推理。

（1）充分条件假言推理。

——有两种有效推理形式：

①肯定前件式：

其推理过程为：

如果 p，那么 q，

p

所以，q。

例如：

如果现在下雨，那么操场是湿的；

现在正在下雨，

所以，操场是湿的。

②否定后件式：

其推理过程为：

如果 p，那么 q；

非 q，

所以，非 p。

例如：

如果你通过了国家公务员的考试，那么你肯定好好学习了；

你没有好好学习，

所以，你没有通过国家公务员的考试。

（2）必要条件假言推理。

——有两种有效推理形式：

①否定前件式：

其推理过程为：

只有 p，才 q；

非 p，

所以，非 q。

例如：

只有你努力学习，你才能通过研究生入学考试；

你没有努力学习，

所以，你没有通过研究生入学考试。

②肯定后件式：

其推理过程为：

只有 p，才 q；

q，

所以，p。

例如：

只有你努力学习，你才能通过研究生入学考试。

你通过了研究生入学考试，

所以，你努力学习了。

(3) 充分必要条件假言推理

例如：

当且仅当两条直线平行，内错角才相等；

这两条直线平行，

所以，它们的内错角相等。

(二) 间接推理

间接推理主要指三段论推理。三段论推理就是以包括一个共同概念的两个直言命题作为前提推出一个新的直言命题作为结论的演绎推理形式。

比如：

作家都是知识分子，

钱钟书是作家，

所以，钱钟书是知识分子。

又如：

语言是人类交际的工具，

汉语是语言，

所以，汉语是人类交际的工具。

三段论推理有七条规则：

(1) 一个三段论，有且只能有三个概念。违背规则会犯"四项错误"或"四概念"错误。

(2) 中项在前提中至少要周延一次。违背规则会犯"中项不周延"错误。

(3) 前提中不周延的概念在结论中不得周延。违背规则会犯"大项不当周延"或"小项不当周延"错误。

(4) 两个否定的前提推不出任何确定的结论。

(5) 如果前提中有一个是否定的判断，其结论也必然是否定的。

(6) 两个特称判断作前提，得不出任何确定的结论。违背规则会犯"中项不周延"或"大、小项不当周延"的错误。

(7) 如果前提中有一个是特称的，则结论必然是特称的。

违反这些规则就会导致推理错误，比如：

中国人是勤劳的，
我是中国人，
所以，我是勤劳的。

某寝室中的这么一则辩论：

甲："爱情与玉米粥相比，哪个好？"
乙："当然爱情好，'爱情价更高'嘛。"
甲："其实不然！毕竟说来，没有东西比爱情好，而一碗玉米粥总比没有东西好，所以，玉米粥比爱情好。"

以上两例，都是违反了第一条规则。

二、归纳推理

归纳推理是一种由个别到一般的推理。它基于一定程度的关于个别事物的观点，过渡到范围较大的观点，由特殊具体的事例推出一般原理、原则的方法。归纳推理中，因果关系法是常用的方法。很多时候我们需要探求事物之间的因果关系，比如，科学实验、案件调查、活动调研和医学研究等。英国逻辑学家穆勒对各种探求因果关系的过程进行了总结，得到五种探求因果关系的方法，它们分别是求同法、求异法、求同求异并用法、共变法和剩余法，这五种方法又称为"穆勒五法"。

（一）求同法

如果在几个不同的场合都出现了某一个现象，并且在几个场合除了一个条件相同外其他条件都不相同，那么，这个相同的条件就是这个现象发生的原因。这就是求同法，也叫作契合法。

求同法可表示为：

场合	相关情况	研究现象
(1)	A、B、C	a
(2)	A、D、E	a
(3)	A、F、G	a
……		

所以，A 与 a 之间有因果联系。

思维火花

夏神探接到一起报案，小庄村有四户人家中毒，经调查发现，甲、乙、丙、丁四户人家晚饭的材料各有不同、就餐地点各有不同、就餐时间各有不同，但是，都饮用了村口的井水，故夏神探得出一个结果，井水是四户人家中毒的原因。

（二）求异法

求异法亦称"差异法"。其基本内容是：在两个不同的场合，不同点只有一个，其他条件都相同，却造成了不同的结果，那么，这个不同点就是现象不同的原因。

求异法可表示为：

场合	相关情况	研究现象
（1）	A、B、C、D	a
（2）	—B、C、D	—
……		

所以，A 与 a 之间有因果关系。

> **思维火花**
>
> 在两个面积相同的试验大棚内种上相同数量的茄子苗，只给第一个大棚施加肥料甲，但不给第二个大棚施加。第一个大棚产出 1 200 千克茄子，第二个大棚产出 900 千克茄子。除了水以外，没有向这两个大棚施加任何其他东西，故必定是肥料甲导致第一个大棚有较高的茄子产量。

（三）求同求异并用法

求同求异并用法亦称"契合差异并用法"。求同求异并用法综合了前面的两者方法，具体如下：如果在某些场合中只有一个共同点，其他都不同，这时候都出现了某现象；而在另外一些场合中，都没有这个特点，其他都不同，这时候都没出现这个现象，那么，这个共同点就是现象的原因。

> **思维火花**
>
> 在现实生活中，可以发现，尽管职业、性别等各方面不同，但那些专注的人都在自己的领域取得了不错的成就。而对于那些缺乏专注的人，他们却没能处于行业的上层。由此可以得到：专注是取得事业成就的原因。为了进一步简化，其中三个人的状况如图 5-3 所示：
>
>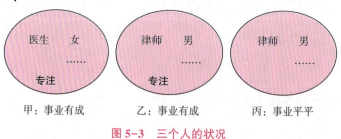
>
> 图 5-3 三个人的状况

从上面的例子可以看出，首先，运用求同法，由年龄、职业、性别等各不相同但是都很专注的这些人都在事业上取得了一定的成就，可以得到专注是取得事业成就的一个原因；其次，运用求异法，由于缺乏专注的人没有取得相应的事业成就，从而可以进一步得出结论：专注是取得事业成就的原因。例如，在图 5-3 中，甲和乙之间可以采用求同法，乙和丙之间可以采用求异法。

显然，求同求异并用法和求同法相比，只是多了一组都没共同点的场合，但正是如此，从正、反两个方面都考虑到了潜在的原因，所以得到的结论比求同法可靠得多。同样的，求同求异并用法也比求异法更加可靠。

（四）共变法

在研究现象发生变化的各个场合中，研究对象也随之发生相应的变化，则该情况就是研究对象的结果或原因。共变法应用过程中，研究对象的变化源于单个因素时，结论更可靠。

共变法可表示为：

场合	相关情况	研究现象
（1）	A1、B、C、D	a1
（2）	A2、B、C、D	a2
（3）	A3、B、C、D	a3
……		
所以，A 与 a 有因果联系。		

例如，我们用温度计测量水的温度时，随着水的温度的升高，水银柱也在升高。

（五）剩余法

剩余法找的是局部对局部的原因，也就是说，如果已知一个现象是由某种原因引起的，而这个现象中的一部分是由原因中的一部分引起的，那么它的另一部分也就是由原因中的另一部分引起的。为了方便理解，我们可以用表示为：

由 a、b、c、d 构成的复合的研究对象是复合情况（A、B、C、D）作用的结果，
现象 a 是情况 A 作用的结果，
现象 b 是情况 B 作用的结果，
现象 c 是情况 C 作用的结果，
所以，现象 d 是情况 D 作用的结果。

关于剩余法，有一个经典的故事，那就是海王星被发现的过程。

> **思维火花**
>
> 在 19 世纪中叶，一些天文学家发现天王星的运行轨道总是和人们按照引力计算出来的轨道不同，有几个方面的偏离。经过观察分析，天文学家确定这些偏移都是由其他行星引起的，但是只知道其中一些方面的偏离是由已知的其他几颗行星的引力所引起的，而另一方面的偏离则原因不明。这时候，天文学家便断言，剩下的一处偏离必然是由另一个未知行星的引力引起的。后来有的天文学家和数学家便据此推算出了这个未知行星的位置。之后按照这个推算的位置进行观察，果然发现了一颗新的行星——海王星。

三、类比推理

类比推理是指通过类比两个或多个事物的共性，来推断它们之间的某些相似之处或未知的属性。它基于这样的假设：如果两个事物在某些方面相似，那么它们在其他方面也可能相似。类比推理可以帮助我们从已知的情况中推断出未知的情况，或者从一个领域的知识推及另一个领域。这种推理方法在解决问题、学习和创造性思维中都有广泛的应用。例如，当我们遇到一个新问题时，我们可以尝试将其与我们已经解决过的问题进行类比，以找到解决方案的线索。类比推理可以帮助我们发现不同领域之间的联系或共性，通过这种联系或共性可以形成新的见解或洞见。

类比推理需要进行各种假设和推断，所得到的结论容易出现不准确或不适用的情况。因此，我们需要谨慎分析，并避免缺少足够的证据就得出武断的结论。

虽然类比推理可以帮助我们形成新见解，但必须注意，它只是一种推理方法，并非通用的万能解决方案。过度依赖类比推理会导致我们忽视问题的实质，从而影响解决问题的能力。很多时候，类比推理只能作为一种比较猜测，对于它是否合理，还需要做进一步的科学验证。例如，火星和地球都是太阳系的行星，并且质量大小类似，因为地球上存在生命，所以火星上也存在生命。可见，类比推理和归纳推理一样，推理得到的结论不一定是正确的，是一种或然性推理。

典型案例

庄子借粮

庄子是春秋战国时期的大思想家。他仅仅在年轻时做过几任小官，之后便不再入仕，一直隐居世外，不问世事。但这也造成他在生活上穷困潦倒，而庄子借粮就是在这种情况下发生的。

一次，庄子又好几天没吃饭了，为了生存，他不得不出去借粮食，于是，他便找到了他的朋友监河侯。

庄子找上门时，恰好碰到监河侯正要出门。见到庄子，监河侯热情地打招呼："一别数月，庄兄一切安好吧。今日驾临寒舍，有何见教？"

庄子没有和他文绉绉地寒暄，直接告知对方自己要借点粮食。

监河侯听完后，也不以为意，直接说道："借粮没问题。我现在正准备去将外面的租金收回来，等我回来后，定然可以多借一些粮食给庄兄！"说完，就牵着马匹，准备出门了。

看到这种情况，庄子不淡定了，心里非常着急，心想："你出去收一趟租金，少说也要半月才能回来。到那时，我岂不是已经被活活饿死了。"但毕竟是他有求于人，因此不好发火。沉思片刻，他跟上监河侯的脚步，边走边说："仁兄留步，我有一个问题想要请教一下，你稍后再去收租金也不迟。"

监河侯听到庄子竟然向他请教问题，十分好奇，就又坐了下来。只听庄子说："昨天，我在来的路上，听到求救的声音。我四下寻找未果，不想前行几步，在一道存有积水的车辙印里发现了一条小鱼，它已经快要干死了，看到我经过，便出声求救。"

"于是，我便问它：'小鱼，你从什么地方过来的，怎么会处于这样的境地呢？'小鱼回答说：'我从东海顺着水流一直游到了这里，现在被困在了这道车辙印里，不久就要干死了，你可以借我一桶水，救我一命吗？'"

"我说：'你需要水啊，这事情好办，你先等我几天，我去找吴王或者越王想想办法，请他们兴修水利，用西江的水引渡你回东海，你觉得怎么样？'小鱼听后非常生气，对我说：'由于多日未曾下雨，这车辙印里的水就要消耗一空了，不久我就要被渴死了，现在我仅仅需要一桶水，就可以继续存活下去。如果按照你的办法，等你引来西江水引渡我去东海时，就只能去干货市场找我了！'"

听完庄子的故事，监河侯怎么还会不明白其中的道理，于是立即命下人去粮仓装了两袋粮食，交到了庄子手上。

庄子通过类比推理法，以其他事物的相似情况代指自己面临的困境，通过委婉的方式让对方了解到自己的真实意图。

（资料来源：http://www.360doc.com/content/21/0715/06/1788768_986601820.shtml）

讨论：庄子运用了哪种推理方法说服了监河侯？

思维训练

1. 一位教授逻辑学的教授，有三个学生，而且这三个学生都非常聪明。一天，教授给他们出了一道题。教授在每个人脑门上贴了一张纸条并告诉他们，每个人的纸条上都写了一个正整数，且其中两个数的和等于第三个！在这里，每个人可以看见另两个人头上的数字，但看不见自己的。教授问第一个学生"你能猜出自己的数吗？"回答："不能"；再问第二个学生相同的问题，回答依然是"不能"；然后第三个的回答还是"不能"。之后，开始经二轮问题，问第一个，答曰："不能"；第二个的回答还是"不能"；第三个的回答则是："我猜出来了，是144"。教授很满意地笑了。请问，其他两人的数字共有多少种可能的情况？

2. 已知A、B、C三人中，一人是骑士，一人是小偷，一人是间谍。骑士只说真话，小偷只说假话，间谍说的话可真可假。

A说："我不是间谍。"

B说："我是间谍。"

而真正的间谍C，被法官这样问道："B是间谍吗？"

请问：为避免暴露身份，C应该说真话，还是假话呢？

3. 警方抓获了三名嫌疑人，这三人当中，有一人是主犯，一人是从犯，还有一人是无辜者。主犯为了逃避法律的制裁，所说的话全是假话；从犯想要减轻罪行，说的话真真假假；无辜者想洗脱嫌疑，所说的话全是真话。当警察问及三人的职业时，他们的回答分别是：

A：我是商人，B是驾驶员，C是工人。

B：我是老师，C是学生，至于A嘛，你如果问他，他肯定说自己是商人。

C：我是公司职员，A是工人，B是驾驶员。

通过以上A、B、C三人的回答，你能推理出谁是主犯吗？

4. 有一对非常奇怪的谎言兄弟，哥哥上午说实话，下午说谎话，而弟弟正好与哥哥相反，上午是谎话连篇，一句实话都没有，而下午却说大实话。

一个路人问："你们哪个是哥哥？"

胖子说"我是哥哥"，瘦子说"我是哥哥"。

路人又问："现在几点了？"

胖子说"快要到中午了"，瘦子说"现在已经过中午了"。

请问：谁是哥哥？

户外拓展

1. 变形虫赛跑。

参加人数：8~10人一组。

活动时间：15~20分钟。

活动目的：培养团队成员的合作精神。

活动规则：组员相互靠近站立，举起双手，用绳子围着组员们的腰间绑紧，画好起点和终点，进行一次变形虫赛跑，最快到达终点的组别获胜。

2. 点心塔。

参加人数：3人一组。

活动时间：10~20分钟。

活动目的：培养团队成员的合作精神。

活动规则：每组3人一起负责叠饼干，互相协助，3分钟内将饼干叠得最高的组为胜，胜出小组可以吃完所有饼干。

脑力激荡

1. 在一次捐款活动中，某慈善组织收到一笔10 000元的匿名捐款。该组织经过调查，发现是甲、乙、丙、丁四人中的某一个捐的。慈善组织工作人员对他们进行求证时，发现他们的说法互相矛盾：

甲：对不起，这钱不是我捐的。

乙：我估计这钱肯定是丁捐的。

丙：乙的收入最高，肯定是乙捐的。

丁：乙的说法不对。

基于以上材料：

假定：四人中，只有一人说了真话，请指出，谁说了真话？谁是捐款人？

假定：四人中，只有一人说了假话，请指出，谁说了假话？谁是捐款人？

2. 相传古时候有两座怪城，一座叫"真城"，一座叫"假城"。真城里的人个个说真话，假城里的人个个说假话。一位知晓这一情况的旅行者第一次来到其中一座城市，他只要问第一个人一个答案为"是"或"否"的问题，就会明白自己所到的是真城还是假城。那么，他应该怎么问？

3. 有 3 顶红帽子和 2 顶白帽子。现在将其中 3 顶给排成一列纵队的 3 个人，每人戴上 1 顶，每个人都只能看到自己前面的人的帽子，而看不到自己和自己后面的人的帽子。同时，3 个人也不知道剩下的 2 顶帽子的颜色（但他们都知道他们 3 个人的帽子是从 3 顶红帽子、2 顶白帽子中取出的）。

主持人先问站在最后边的人："你知道你戴的帽子是什么颜色吗？"最后边的人回答："不知道。"

接着又让中间的人说出自己戴的帽子的颜色。中间的人虽然听到了后边的人的回答，但仍然说不出自己戴的是什么颜色的帽子。

听了他们两人的回答后，最前面的人没等问，便答出了自己帽子的颜色。

你知道为什么吗？他的帽子又是什么颜色的呢？

第六章 TRIZ 创新方法

TRIZ 创新方法认为，在解决发明问题的实践中，人们遇到的各种矛盾的类型很少，已经有人在某个领域解决过你想要解决的问题。这一重要思想使我们在解决问题时打破从现状开始的思维定式，积极去寻找在此情境下最好的思路，以此形成解决问题的具体方案。如此一来，我们的创新不再是天马行空，只需要参考很少量的创新原理和策略，就可以解决世界上大多数的创新问题。TRIZ 创新方法体系庞大，本章主要介绍 TRIZ 的基本情况、古典 TRIZ 理论基础、常用的 TRIZ 求解工具、克服思维惯性的 TRIZ 方法四部分。

第一节 TRIZ 概述

TRIZ 是由苏联发明家阿奇舒勒（G. S. Altshuller）在 1946 年创立的。他领导下的研究团体对世界近 250 万份的发明专利进行研究分析，发现"在技术领域中，相同的情况和事件经常重复发生。问题的类型数量很少，你想解决的问题已有别人解决过，大多数解决方案是相似且可以传递的"。在此基础上，他和他的研究团队总结出各种技术发展遵循的规律，并构造了解决各种矛盾冲突的分析工具，最终建立了一个由解决技术问题、实现创新开发的各种方法、算法组成的综合理论体系，并综合了多学科领域的原理和法则。这就是我们所看到的 TRIZ 理论体系。

> 典型案例

TRIZ 理论益处大

（1）福特汽车公司应用 TRIZ 理论解决了方向盘颤抖问题，每年创造的效益约 1 亿美元以上。

（2）2001 年，大众（墨西哥）公司成功运用 TRIZ 解决铸件废品居高不下的问题产品，不合格率由大于 10% 降低到 3%，且在生产成本不变的情况下，简化生产线，缩短了生产周期。

（3）2003 年，三星电子在 67 个研究开发项目中使用 TRIZ，节约经费 1.5 亿美元，并产生 52 项专利技术，2005 年该公司的美国发明专利授权数量全球排名第五。

(4) 波音公司对 450 名工程师进行培训，利用 TRIZ 解决研发矛盾，改进了波音 737 飞机，最终战胜空客公司，赢得 15 亿美元空中加油机订单，创造了高额利润。

(5) 日本电气公司（NEC）利用 TRIZ 解决了晶体管技术问题，通过特许选定，每年节约了 800 万美元的技术使用费。

（资料来源：https://zhuanlan.zhihu.com/p/344680760）

讨论：现在有哪些公司利用 TRIZ 实现了产品创新？

TRIZ 理论与其他理论不同之处在于，它既不回避矛盾也不采取折中的方式解决矛盾，而是认为"所有矛盾和冲突都是可以消除的，最佳方案是主动找出并消除矛盾"。因此 TRIZ 着力于寻找问题、描述问题、基于技术的发展演化规律解决问题，并获得最终理想解。事实证明，TRIZ 不仅能催生高质量新型产品，能帮助我们在复杂的创新情境中找到问题本质，利用新的思维方式解决问题，还能够根据进化规律预测未来发展趋势。可以说，TRIZ 理论在启发创新方面有着强劲实力。

作为"发明问题解决理论"，TRIZ 理论大幅提高了苏联在军事、工业方面的创造能力，因此，TRIZ 理论一直被作为大学专业技术必修课，在苏联得到广泛的传播和应用。苏联解体后，大批 TRIZ 专家移居美国、德国等西方国家，使 TRIZ 理论流传于西方。之后，西欧、北欧、美国、日本等地出现了以 TRIZ 为基础的研究、咨询机构和公司，一些大学将 TRIZ 列为工程设计方法学课程。经过半个多世纪的发展，TRIZ 已经成为一套成熟的产品开发和创新问题解决的理论工具，并且在应用领域上，已经从技术领域逐步迁移至服务、教育、管理等不同领域。

思维火花

中兴通讯在 5G 开发过程中，通过 TRIZ+ChatGPT 的创新方法成功解决了自动化测试中遇到的难题。传统的维测方式需要大量的人力和物力，效率低下。中兴通讯团队使用 TRIZ 发现问题的本质矛盾，即提高测试效率与降低测试成本之间的矛盾。随后通过 ChatGPT 模型训练，在测试流程中引入机器学习算法，自适应学习测试场景，并采用剪枝技术优化考试方案。这样，通过 TRIZ+ChatGPT 创新解决方案，中兴通讯成功将测试效率提高了 20% 以上，并且大幅度减少了人力成本。

TRIZ 的基础是技术系统进化的客观规律，它既可被认知，也可被用于解决创新问题。在运用 TRIZ 理论解决创新问题时，可以根据技术系统进化的客观规律来初步确定解决问题的方向，有效地避免了各种传统创新方法中反复进行的大量探索工作。根据这些规律，可开发出解决发明问题的专用工具，它们包括物-场分析和发明问题的标准解法，解决取舍矛盾和本质矛盾的创新措施，以及发明问题解决算法等。此外，通过查找和应用物理、化学、几何和生物等的效应与原理，人们可以解决系统中的功能实现问题，让这些效应与原理类的知识作为技术系统实现功能和操作的新原理，从而满足系统所要求的作用。同时，为了帮助我们突破思维定式，TRIZ 理论还提出了九屏幕法、STC 算子、小矮人法等工具。在以上各种创新的思维、方法和工具的支持下，TRIZ 解决发明问题的过程是可以快速收敛的，而且创新的水平和效率也是比较高的。

第二节　古典 TRIZ 理论基础

在分析专利的基础上，阿奇舒勒总结出了古典 TRIZ 的四大理论基础：创新问题、创新模式、创新等级划分和技术系统演化模式。

> **思维火花**
>
> 假如一家人围在一起吃饭的时候，需要一个餐桌。我们希望餐桌足够大，因为足够大的餐桌上面可以放足够丰富的菜肴；但是对于房子比较小的家庭来说，又希望餐桌足够小，因为足够小的餐桌不会占太大的地方。
>
> 这里需要解决的问题是餐桌既要大又要小。
>
> 描述问题：餐桌的面积要大，因为可以放足够多的菜肴；但是餐桌的面积又要小，因为只有这样才不会占用太大的地方。
>
> 分析：餐桌的面积要大和要小这两种相反需求发生在不同的时间，可以采用一种基于时间分离的方法来解决。问题，就可以得出"可折叠餐桌"这种解决方案。

一、创新问题

在 TRIZ 理论中，人类所需解决的问题只有两类：一是已有解决方案的问题，此时只需按照一定的步骤即可解决问题，属于常规问题；二是在某一关键环节策略未知或整体解决方案未知的问题，这属于创新问题。TRIZ 是解决创新问题的理论和方法。

二、创新模式

人们所遇到的矛盾类型是有限的，解决相同类型的矛盾所使用的创新方法本质上也是相同的，在 TRIZ 中，这些方法的本质称为创新模式，将其从解决问题的方案中提取出来建立数据库，可以缩短类似问题的解决时间，缩短创新周期。

例如，瑕疵（带裂痕）大钻石切割、爆米花、农产品剥壳所使用的方法本质上都是利用瞬间压力差。

三、创新等级划分

TRIZ 对大量专利中所解决的问题及解决方案进行分析归类，并把创新问题分为五个等级：

1. 系统常规问题处理

即解决方案显而易见，可以根据个人专业知识解决。大约 32% 的问题属于这一级。TRIZ 理论认为，该等级不属于真正的创新。

例如，为了更大的承载量，使用更大的重型卡车代替轻型卡车。

2. 系统部分改进

该类问题的解决方案通常使用折中思想来降低矛盾的危害性，所需专业领域的知识也仅为单一工程领域知识。大约45%的问题属于此等级。

例如，在焊接装置上增加灭火器，设计折叠自行车。

3. 系统根本改进

涉及的知识领域较为广泛，不采取折中方案而是解决矛盾。大约18%的问题属于此等级。

例如，汽车上用自动传动系统代替机械传动系统。

4. 开发新系统

需要不同科学领域的专业知识相互配合，必须融入新的工作原理来完成该系统的主要功能。大约4%的问题属于此等级。

例如，第一台内燃机的出现，半导体的发现。

5. 真正的科学发现

所需知识涵盖整个人类已知范畴，在新系统的基础上做出根本性、先驱式的革新。只有1%的问题属于此等级。

例如，计算机、灯泡、蒸汽机、激光的首次发明。

TRIZ理论认为，等级2~5为真正的创新。需要重点说明的是，判断创新问题的等级具有一定的主观性，但是如何将专利中的创新问题划分到各个等级本身并不重要，重要的是明确TRIZ理论的作用对象是哪个等级的创新问题，防止"杀鸡用牛刀"，或者"心有余而力不足"。经过反复实践，阿奇舒勒认为，TRIZ理论对于等级2、3和4的作用更大、效果最好。

四、技术系统演化模式

技术系统演化模式的8个进化法则是TRIZ理论的核心。

（一）技术系统的S曲线进化法则

S曲线描述了一个技术系统的完整生命周期，如图6-1所示，图中的横轴代表时间；纵轴代表技术系统的某个重要的性能参数，比如飞机这个技术系统，飞行速度、可靠性就是其重要性能参数，性能参数随时间的延续呈现S形曲线。一个技术系统的进化一般经历4个阶段，分别是：婴儿期；成长期；成熟期；衰退期。

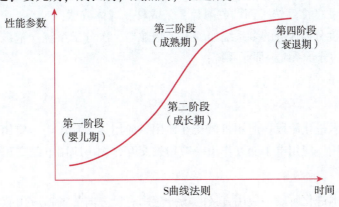

图6-1 S曲线进化法则示意图

（二）提高理想化法则

（1）一个系统在实现功能的同时，必然有 2 个方面的作用：有用功能和有害功能。

（2）理想度是指有用作用和有害作用的比值。

（3）系统改进的一般方向是最大化理想度比值。

（4）在建立和选择发明解法的同时，需要努力提升理想度水平。

提高理想度可以从以下 4 个方向予以考虑：①增加系统的功能。②传输尽可能多的功能到工作元件上。③将一些系统功能转移到超系统和外部环境中。④利用内部或外部已经存在的可利用资源。

最理想的技术系统应该是：并不存在物理实体，也不消耗任何的资源，但是却能够实现所有必要的功能，即物理实体趋于零，功能无穷大，简单来说，就是"功能俱全，结构消失"。

（三）子系统的不均衡进化法则

技术系统由多个实现各自功能的子系统（元件）组成，每个子系统及子系统间的进化都存在着不均衡。

（1）每个子系统都是沿着自己的 S 曲线进化的。

（2）不同的子系统将依据自己的时间进度进化。

（3）不同的子系统在不同的时间点到达自己的极限，这将导致子系统间矛盾的出现。

（4）系统中最先到达其极限的子系统将抑制整个系统的进化，系统的进化水平取决于此系统。

（5）需要考虑系统的持续改进来消除矛盾。

（四）向微观级和场的应用进化法则

技术系统趋向于从宏观系统向微观系统转化，在转化中，使用不同的能量场来获得更佳的性能或控制性。

1. 向微观级转化的路径

本路径反映了下面的技术进化阶段：

（1）宏观级的系统；

（2）通常形状的多系统平面圆或薄片，条或杆，球体或球；

（3）来自高度分离成分的多系统如粉末、颗粒等，次分子系统（泡沫、凝胶体等）→化学相互作用下的分子系统→原子系统；

（4）具有场的系统。

2. 转化到高效场的路径

本路径的技术进化阶段：应用机械交互作用→应用热交互作用→应用分子交互作用→应用化学交互作用→应用电子交互作用→应用磁交互作用→应用电磁交互作用和辐射。

3. 增加场效率的路径

本路径的技术进化阶段：应用直接的场→应用有反方向的场→应用有相反方向的场的合成→应用交替场/振动/共振/驻波等→应用脉冲场→应用带梯度的场→应用不同场的组

合作用。

4. 分割的路径

本路径的技术进化阶段：固体或连续物体→有局部内势垒的物体→有完整势垒的物体→有部分间隔分割的物体→有长而窄连接的物体→用场连接零件的物体→零件间用结构连接的物体→零件间用程序连接的物体→零件间没有连接的物体。

（五）动态性进化法则

增加系统的动态性，以更大的柔性和可移动性来获得功能的实现。增加系统的动态性要求增加可控性。增加系统的动态性和可控性的路径很多，下面从4个方面进行陈述。

1. 向移动性增强的方向转化的路径

本路径反映了下面的技术进化过程：固定的系统→可移动的系统→随意移动的系统。比如电话的进化：固定电话→子母机→手机。

2. 增加自由度的路径

本路径的技术进化过程：元动态的系统→结构上的系统可变性→微观级别的系统可变性。即：刚性体→单铰链→多铰链→柔性体→气体/液体→场。比如，手机的进化：直板机→翻盖机；门锁的进化：挂锁→链条锁→密码锁→指纹锁。

3. 增加可控性的路径

本路径的技术进化过程：无控制的系统→直接控制→间接控制→反馈控制→自我调节控制的系统。比如城市街灯，为增加其控制，经历了以下进化路径：专人开关→定时控制→感光控制→光度分级调节控制。

4. 改变稳定度的路径

本路径的技术进化阶段：静态固定的系统→有多个固定状态的系统→动态固定系统→多变系统。

（六）增加集成度再进行简化法则

技术系统趋向于首先向集成度增加的方向，紧接着再进行简化。比如先集成系统功能的数量和质量，然后用更简单的系统提供相同或更好的性能来进行替代。

1. 增加集成度的路径

本路径的技术进化阶段：创建功能中心→附加或辅助子系统加入→通过分割、向超系统转化或向复杂系统的转化来加强易于分解的程度。

2. 简化路径

本路径反映了下面的技术进化阶段：
（1）通过选择实现辅助功能的最简单途径来进行初级简化；
（2）通过组合实现相同或相近功能的元件来进行部分简化；
（3）通过应用自然现象或"智能"物替代专用设备来进行整体的简化。

3. 单—双—多路径

本路径的技术进化阶段：单系统→双系统→多系统。

4. 子系统分离路径

当技术系统进化到极限时，实现某项功能的子系统会从系统中剥离出来，进入超系统，这样在此子系统功能得到加强的同时，也简化了原来的系统。比如，空中加油机就是从飞机中分离出来的子系统。

（七）子系统协调性法则

在技术系统的进化中，子系统的匹配和不匹配交替出现，以改善性能或补偿不理想的作用。也就是说技术系统的进化是沿着各个子系统相互之间更协调的方向发展。即系统的各个部件在保持协调的前提下，充分发挥各自的功能。

1. 匹配和不匹配元件的路径

本路径的技术进化阶段：不匹配元件的系统→匹配元件的系统→失谐元件的系统→动态匹配/失谐系统。

2. 调节的匹配和不匹配的路径

本路径的技术进化阶段：最小匹配/不匹配的系统→强制匹配/不匹配的系统→缓冲匹配/不匹配的系统→自匹配/自不匹配的系统。

3. 工具与工件匹配的路径

本路径的技术进化阶段：点作用→线作用→面作用→体作用。

4. 匹配制造过程中加工动作节拍的路径

本路径反映了下面的技术进化阶段：
（1）工序中输送和加工动作的不协调；
（2）工序中输送和加工动作的协调，速度的匹配；
（3）工序中输送和加工动作的协调，速度的轮流匹配；
（4）将加工动作与输送动作独立开。

（八）向自动化方向进化法则

系统的发展用来实现那些枯燥的功能，以解放人们去完成更具有智力性的工作。

1. 减少人工介入的一般路径

本路径的技术进化阶段：包括人工动作的系统→替代人工但仍保留人工动作的方法→用机器动作完全代替人工。

2. 在同一水平上减少人工介入的路径

本路径的技术进化阶段：包含人工作用的系统→用执行机构替代人工→用能量传输机构替代人工→用能量源替代人工。

3. 在不同水平间减少人工介入的路径

本路径的技术进化阶段：包含人工作用的系统→用执行机构替代人工→在控制水平上替代人工→在决策水平上替代人工。

第三节　TRIZ 常用求解工具

TRIZ 创新方法是建立在科学和技术的方法基础之上，具有普适性的解决创新问题的专门工具，其原理、法则、程序、步骤、措施等，来源于人类长期探索与改造自然的实践经验，有助于设计者快速找到发明问题的有效解决方案。TRIZ 方法体系中包含问题定义工具、分析工具、求解工具以及思维定式突破工具等，本节重点介绍常用的求解工具，如分离原理、创新措施、矛盾矩阵、物-场模型等。

> **思维火花**
>
> 日常生活中有很多应用 TRIZ 求解工具的例子。例如：
> (1) 每一个列车车厢都是单独的个体，车厢数量可以随机调整。
> (2) 圆珠笔的笔芯和笔套是两个可分离的部分，可以更换笔芯。
> (3) 电风扇的三个叶片是三个独立的个体，可以拆卸。

一、分离原理

TRIZ 理论将矛盾归为三类，分别是物理矛盾、技术矛盾和管理矛盾。物理矛盾是由于系统中一个参数既要正向发展又要反向发展而导致的。例如系统要求温度既要升高又要降低。技术矛盾是由系统中两个参数的冲突导致的，管理矛盾则是指管理问题中两个特性之间的矛盾。相对于技术矛盾和管理矛盾，物理矛盾更棘手，创新中需要消除此类矛盾。阿奇舒勒针对此矛盾提出了分离原理，其核心是将内部矛盾外部化，所采用的方式是将矛盾双方分离开来，各自构成技术系统，以此将系统内部的联系代替为两个系统之间的联系。

TRIZ 理论提出了四大分离原理，分别是：

1. 空间分离

空间分离即将矛盾双方在不同的空间中分离。当关键子系统矛盾双方在某一空间只出现一方时，空间分离是可能的。

> **思维火花**
>
> 物理矛盾：炮管直径必须足够大，以使一个个的炮弹容易射出；但同时又必须足够小，以免火药爆炸推力的泄漏。需同时发生，但可在不同地方发生。
>
> 解决方案：空间分离，将炮管内径分为两部分，将后部的爆炸室做成锥形，让球形的炮弹与锥形的爆炸室可以形成封闭的空间。

2. 时间分离

时间分离即将矛盾双方在不同的时间段分离。当关键子系统冲突，双方在某一时间段只出现一方时，时间分离是可能的。

> **思维火花**
> 物理矛盾：自行车在骑乘时体积要大，以便载人；在停放时要小，以节省空间。
> 解决方案：折叠式自行车。

3. 条件分离

条件分离即将矛盾双方在不同的条件下分离。当关键子系统的矛盾双方在某一条件下只出现一方时，基于条件的分离是可能的。

> **思维火花**
> 物理矛盾：训练池里的水要软，以减轻水对运动员的冲击伤害，但又要求水必须硬，以支撑运动员的身体。水的软硬取决于跳水者入水的速度。
> 解决方案：充满气泡的泳池。

4. 整体与部分的分离

整体与部分的分离（或称系统分离）即将矛盾双方在不同层次中分离。当矛盾双方在关键子系统层次只出现一方时，整体与部分的分离是可能的。

> **思维火花**
> 物理矛盾：SMT（表面贴装焊接技术）生产线要求PCB（印刷电路板）连续进行供应，但PCB是专业线路板厂家生产并批量送货。这样连续生产与批量供货之间就产生了矛盾。
> 解决方案：接受批量的PCB，然后连续输送到SMT生产线。

TRIZ 同时提供了 11 种分离方法，分别是：
（1）矛盾特性的空间分离；
（2）矛盾特性的时间分离；
（3）将同类或异类系统与超系统结合；
（4）将系统转换为反系统，或将系统与反系统相结合；
（5）系统具有一种特性，而子系统有相反的特性；
（6）将系统转换到微观级系统；
（7）系统中的状态交替变化；
（8）系统由一种状态转换为另一种状态；
（9）利用系统状态变化所伴随的现象；
（10）以具有两种状态的物质代替具有一种状态的物质；
（11）通过物理和化学的转换使物质状态转换。

二、创新措施

在研究了250万份发明专利后，阿奇舒勒及其研究团队得出了一个结论：人们解决技术问题的方法很多是重复的。阿奇舒勒一共总结出40种最常用、最重要的方法，并起名为 40 项创新措施。

(一) 40 项创新措施

1. 分割

(1) 将物体分成独立的部分。

(2) 使物体成为可拆卸的。

(3) 增加物体的分割程度。

实例：组合家具，分类垃圾箱，百叶窗，分体式冰箱等。

如：分体式电子琴可以拆卸为相互独立的部分，既可单独使用又可联合使用，既便于携带又节省空间。

2. 抽取

(1) 从物体中抽出产生负面影响（即"干扰"）的部分或属性。

(2) 从物体中抽出必要的部分或属性。

实例：避雷针，舞台上的反光镜。

如：避雷针利用金属导电原理，将可能对建筑物造成损害的雷电引入大地，以消除雷电对建筑物的损害。

3. 局部质量

(1) 从物体或外部介质（外部作用）的一致结构过渡到不一致结构。

(2) 使物体的不同部分具有不同的功能。

(3) 物体的每一部分均应具备最适于它工作的条件。

实例：瑞士军刀，家庭药箱，分割式餐盒，多功能手表（兼备通话、存储等功能）等。

如：瑞士军刀整个刀身的不同部分具有不同的功能。

4. 增加不对称

(1) 物体的对称形式转为不对称形式。

(2) 如果物体不是对称的，则加强它的不对称程度。

实例：将电脑的插口设置为非对称性的以防止不正确地使用等。

如：双角不对称机床铣刀可以增加摩擦力，有利于提高工作效率。

5. 组合

(1) 把相同的物体或完成类似操作的物体联合起来。

(2) 把时间上相同或类似的操作联合起来。

实例：集成电路板、冷热水混水器等。

如：集成电路板将电子元件结合起来，有利于发挥整体功能并节约空间。

6. 多用性

使一个物件、物体具有多项功能以取代其余部件。

实例：可以坐的拐杖，可当作 U 盘使用的 MP3，多功能螺丝刀等。

如：数码摄像机兼有摄像、照相、录音、硬盘存储功能。

7. 嵌套

（1）一个物体位于另一个物体之内，而后者又位于第三个物体之内等。
（2）一个物体通过另一个物体的空腔。
实例：俄罗斯套娃、伸缩式荧光棒、伸缩式天线、推拉门等。
如：多功能螺丝刀只有一个刀柄，却拥有很多刀头，便于携带和使用。

8. 重量补偿

（1）将物体与具有上升力的另一物体结合以抵消其重量。
（2）将物体与介质（最好是气动力和液动力）相互作用以抵消其重量。
实例：热气球、氢气球、快艇等。
如：热气球利用燃烧形成的热空气升空。

9. 预先反作用

（1）事先施加反作用，用来消除不利影响。
（2）如果一个物体处于受拉伸状态，预先施加压力。
实例：钉马掌、给树木罩上黑色的防护网等。
如：给树木刷上渗透漆，以阻止树木腐烂。

10. 预先作用

（1）预先完成要求的作用（整个的或部分的）。
（2）预先将物体安放妥当，使它们能在现场和最方便的地点立即起作用。
实例：透明胶带架、在停车场安置的缴费系统等。
如：灭火器在易于发生火灾的地点安放好，用来快速消除火灾发生时的不利影响。

11. 事先防范

以事先准备好的应急手段补偿物体的低可靠性。
实例：安全气囊、降落伞备用包、安全出口、电梯的应急按钮等。
如：事先在汽车上安放安全气囊，在发生交通事故时，将对驾驶员的伤害降到最低。

12. 等势

改变工作状态而不必升高或降低物品。
实例：汽车修理部的地下修理通道、悬挂式流水线等。
如：现在的大型工厂大部分采用流水线生产，传送带上的物品是不动的，而传送带旁的机械手臂代替了人的劳动，在不改变位置的前提下可以上下左右自由伸缩，提高了生产效率。

13. 反向作用

（1）不用常规的解决方法，而是反其道而行之。
（2）使物体或外部介质的活动部分变成为不动的，而使不动的成为可动的。
（3）将物体运动部分颠倒。
实例：起跑器、做泥塑时使用的转盘、滚梯等。
如：跑步机将不动的地面变成了可动的橡胶滚轮，减少了人们锻炼时的空间和场地限制。

14. 曲面化

（1）从直线部分过渡到曲线部分，从平面过渡到球面，从正六面体或平行六面体过渡到球形结构。

(2) 利用滚筒、球体、螺旋等结构。

(3) 利用离心力,以回转运动代替直线运动。

实例:圆形跑道、圆珠笔的笔尖、洗衣机、汽车的轮胎等。

如:滚轮办公椅将固定的椅腿变为可随意移动的圆轮,方便工作人员移动。

15. 动态特性

(1) 物体(或外部介质)的特性的变化应当在每一工作阶段都是最佳的。

(2) 将物体分成彼此相对移动的几个部分。

(3) 使不动的物体成为动的。

实例:用于矫正牙齿的记忆合金,分成一段一段的利于转弯的火车车厢,可以弯曲的吸管等。

如:可折叠式健身器可以折叠,节约空间。

16. 未达到或过度作用

如果难于取得百分之百的效果,则应当部分达到或超越理想效果。这样可以把问题大大简化。

实例:抹墙时总是先将大量水泥抹在墙上,而后除去多余的;给自行车打气不一定要百分之百打满。

如:用针管抽取液体的时候不可能直接吸入准确的剂量,而是先多吸取而后将多余的液体排出,这样大大简化了操作的难度。

17. 空间维数变化

(1) 如果物体作线性运动(或分布)有困难,则使物体在二维(即平面)上移动。相应地,在一个平面上的运动(或分布)可以过渡到三维空间。

(2) 利用层结构替代单层结构。

(3) 将物体倾斜或侧置。

(4) 利用指定面的对面。

(5) 利用投向相邻面或反面的光流。

实例:旋转楼梯、拔地而地的高楼、双面集成电路板等。

如:为了节约城镇居住空间,将单层的平房改为楼房。

18. 机械振动

(1) 使物体振动。

(2) 如果已经在振动,则提高它的振动频率(达到超声波频率)。

(3) 利用共振频率。

(4) 用压电振动器替代机械振动器。

19. 周期性作用

(1) 从连续作用过渡到周期作用(脉冲)。

(2) 如果作用已经是周期的,则改变周期性。

(3) 利用脉冲的间歇完成其他作用。

实例:警笛、收音机、心脏起搏器等。

如：警车的警笛利用周期性原则，避免噪声过大，并且使人对其更敏感。

20. 有效作用的连续性

（1）连续工作（物体的所有部分均应一直满负荷工作）。

（2）消除空转和间歇运转。

（3）将重复运动改为转动。

实例：内燃机火车的活塞装置、循环流水线等。

如：喷墨打印机的打印头在回程也执行打印操作，避免空转，消除了间歇性动作。

21. 减少有害作用的时间

高速跃过某过程或其个别阶段（如有害的或危险的）。

实例：照相机的闪光灯等。

如：照相机使用闪光烟，高速闪烁，避免给人眼造成伤害。

22. 变害为利

（1）利用有害因素（特别是介质的有害作用）获得有益的效果。

（2）通过有害因素与另外几个有害因素的组合来消除有害的因素。

（3）将有害因素加强到不再有害的程度。

实例：再生塑料，再生纸，利用粪便和生活垃圾产生沼气加以利用等。

如：将可能污染环境的废旧物品回收，加工后重新利用。

23. 反馈

（1）进行反向联系。

（2）如果已有反向联系，则改变它。

案例：温度计、指南针，各种电器的仪表盘。

如：汽车驾驶室中的各种仪表将车辆所处的行驶状态反馈给驾驶员，方便驾驶员操作车辆。

24. 借助中介物

（1）利用中介物质传递某一物体或中间过程。

（2）在原物体上附加一个易拆除的物体。

实例：弹琴用的拨子、放菜的托盘、化学反应中的催化剂、提升物体时的动滑轮等。

如：用托盘将热杯子托起，避免烫伤。

25. 自服务

（1）物体应当为自我服务，完成辅助和修理工作。

（2）利用废弃的资源、能量和物质。

实例：可以自己充电的机器人、用食物或野草等有机废物做的肥料等。

如：大部分计算机具有自我更新、自我修复的功能。这样能够避免人们烦琐复杂的劳动和可能犯下的错误，节约时间。

26. 复制

（1）用简单而便宜的复制品代替难以得到的、复杂的、昂贵的、不方便的或易损坏的物体。

(2) 用光学图像替代单件物品或系列物品，然后图像可以放大或缩小。
(3) 可见光仪器可由红外线或紫外线仪器替代。

实例：宇航员的模拟训练系统、公园中的微缩景观、售楼处的楼盘模型、卫星图像代替实地考察等。

如：利用手机拍摄、传输照片或图像，极大地满足了人们的需要。

27. 廉价替代品

用便宜的物品代替贵重的物品，对性能稍做让步。

实例：假花代替常常更换的真花，一次性物品代替价格昂贵且需要储存的物品，用模式警察代替真警察等。

如：一次性水杯代替了陶瓷、金属水杯，避免了浪费；用塑料制作的盆景代替用鲜花制作的盆景，可以长期使用，利于清洗。

28. 机械系统替代

(1) 用光学、声学、味学等设计原理代替力学设计原理。
(2) 用电场、磁场和电磁场同物体相互作用。
(3) 由恒定场转向不定场，由时间固定的场转向时间变化的场，由无结构的场转向有一定结构的场。

29. 气压或液压结构

用气体结构和液体结构代替物体的固定部分。

实例：消防救生用的充气气垫，机动车上用的液压减震器等。

如：高档球鞋的鞋底都使用了气垫，为脚部提供了很好的缓冲作用。

30. 柔性壳体或薄膜

(1) 利用软壳和薄膜代替一般的结构。
(2) 用软壳和薄膜使用物体同外部介质隔离。

实例：奥运会"水立方"游泳馆等。

如：游乐园中的充气气球将人体与水隔离，使人能够体验在水中行走的乐趣。

31. 多孔材料

(1) 将物体做成多孔的或利用附加多孔元件。
(2) 如果物体是多孔的，事先用相应物质填充空孔。

实例：生活中用的纱窗，录音棚用的隔音板等。

32. 改变颜色

(1) 改变物体或外部介质的颜色。
(2) 改变物体或外部介质的透明度。
(3) 为了观察难以看到的物体或过程，利用染色添加剂。
(4) 如果已采用这种添加剂，则为彩荧光粉。

实例：彩色荧光棒，在街道上经常看见的荧光灯等。

如：交通警察的警服上通常添加有荧光标志，有利于行人在黑暗的环境中识别警察身份，确保警察安全。

33. 均质性

同指定物体相互作用的物体应当用同一种或性质相近的材料制成。

实例：用金刚石来切割钻石；螺丝与螺帽为保证耐用性与稳定性，采用的都是钢材料。

如：插头与插座外壳基本都使用塑料，便于绝缘，防止漏电伤人。

34. 抛弃或再生

（1）已完成自己的使命或已无用的物体部分应当被剔除（溶解、蒸发等）或在工作过程中直接变化。

（2）消除的部分应当在工作过程中直接再利用。

实例：塑料瓶回收消毒后可再次使用，将玻璃碎片回收制成新玻璃等。

如：自动铅笔的笔芯可以随时被折断，再按出新的笔芯；可以将美工刀中不锋利的刀片抛弃，再推出新的刀片。

35. 改变物理或化学参数

（1）改变系统的物理状态。

（2）改变浓度或密度。

（3）改变灵活程度。

（4）改变温度或体积。

实例：酒心巧克力，生活中用的洗手液等。

如：人们发现液体胶水不便于使用和携带，于是发明了固体胶。

36. 相变法

利用相变时发生的现象，例如体积改变、放热或吸热。

实例：水凝固后体积会膨胀，蜡烛、加湿器等。

如：弹簧可以利用自身的改变举起重物，借助蜡烛燃烧来获得光源，加湿器利用水蒸发来增加室内的湿度。

37. 热膨胀

（1）利用物体热胀冷缩的性质。

（2）利用一些热膨胀系不同的材料。

实例：热气球、温度计等。

如：热气球因热膨胀而升上天，利用热膨胀将扁的乒乓球恢复原样，温度计利用热胀冷缩的原理测量温度。

38. 强氧化剂

（1）用富氧空气代替普通空气。

（2）用纯氧替换富氧空气。

实例：潜水用氧气瓶、鼓风机等。

如：炼钢时使用的强氧化枪，利用纯氧提高火焰的温度，便于切割作业，潜水员使用的氧气瓶，鼓风机利用空气的流动来加强氧气的输入等。

39. 惰性环境

（1）用惰性介质代替普通介质。

（2）在真空中进行某过程。

实例：电灯泡、油气弹簧等。

如：在电灯泡内充入惰性气体或将电灯泡内部制成真空，防止灯丝过快氧化；油气弹簧以惰性气体氮为传力介质，电解 NaOH 制取钠要在惰性环境下进行等。

40. 复合材料

用复合材料替代单一材料。

实例：复合地板，合成橡胶轮胎等。

如：笔记本电脑的外壳使用混合材料，增加强度，保护电脑。

（二）部分创新措施示例

这 40 项创新措施是蕴含在创新发明背后的客观规律，它的出现使"创新不再是一个未知的、遥不可及的领域，如果掌握了创新原理和方法，非发明家也发明创造"。学习并掌握这 40 项创新措施，对于解决生产、生活和科研中的各种问题，有着重要的作用。部分创新措施的名称和内容，以及在技术领域的具体示例如表 6-1 所示。

表 6-1　部分创新措施示例

措施名称	措施内容	技术领域示例
分割	（1）把系统分割成独立部分	高音、低音音箱；分类设置的垃圾回收箱
	（2）使系统易于拆解或组装	打井钻杆；组合夹具；组合家具
	（3）增加系统的碎片化、分割化程度	汽车 LED 尾灯；加密云存储
抽取（分离）	（1）从系统中分离出产生干扰的部分或属性，或只分离出必要的部分或属性	建筑避雷针；透视与 CT；安检设备
	（2）物理上分离物体或系统的不同元素	手机 SIM 卡；闪存盘；宽带网的 Wi-Fi 发射器
局部质量	（1）把均匀的对象结构或外部环境变成不均匀的	轿车座位可分别设定空调温度；模具局部淬火
	（2）让对象的各个部分执行不同功能	电脑键盘上的每个键；可定制软件
	（3）让对象的各部分处于各自动作的最佳状态	工具箱内的凹陷格子存放不同的工具；计算器

▶▶▶ 三、矛盾矩阵 ▶▶▶

技术矛盾是技术领域 TRIZ 的核心要素，创造性问题至少要解决一对矛盾冲突。技术矛盾代表了系统中的问题是由两个参数的矛盾导致的，为了改善某个参数，导致另一个参数恶化。例如，手机功能越强大，耗电量就越大；设备功能越复杂，操控就越困难；等等。TRIZ 理论将导致技术矛盾的因素总结成通用工程参数。目前，在工程技术领域有 48 个通用参数，在管理领域也总结出 31 个通用参数。每两个不同的参数构成一对矛盾，这些矛盾的解决方法就是 40 项创新措施中的一个或多个。只要能够准确定义矛盾，将其转化为工程参数，就可以快速在"表"中找到可能适用的解决方案。这里所说的"表"即为阿奇舒勒矛盾矩阵，它由待改善参数和待恶化参数构成，其中，矩阵的纵向表示为"要改变的特性"，即待改善参数；横向表示为"不希望的结果"，即待恶化参数；横纵向参数交叉处即为解决矛盾时所使用的 40 项创新原则的编码。解决一个矛盾所对应的原理不止一个，其中原理的先后顺序代表着其解决该矛盾的能力大小，使用者可以根据特定情况选择其中一个或多个，也可以综合利用对应原理。在没有数字的方格中，"+"方格处于相同参数的交叉点，这是物理矛盾，不在技术矛盾应用范围之内。"-"方格表示没有找到合适的发明原理来解决问题，当然只是表示研究的局限，并不代表不能够应用发明原理。阿奇舒勒矛盾矩阵为问题解决者提供了一个可以根据系统中产生矛盾的两个通用工程参数，从矩阵图中直接查找化解该矛盾的发明原理来解决问题的办法。矛盾矩阵示例如表 6-2 所示。

表 6-2　矛盾矩阵示例

恶化参数　　改善参数	运动对象的重量	静止对象的重量	运动对象的长度	静止对象的长度
运动对象的重量	+	–	15，8，29，34	–
静止对象的重量	–	+	–	10，1，29，35
运动对象的长度	8，15，29，34	–	+	–
静止对象的长度	–	35，28，40，29	–	+

四、物–场模型

大多数情况下，使用者很难定义科研或生产中的创新矛盾，因为这需要人们丰富的经验和准确的判断，并且，在许多未知领域，由于知识储备的限制，我们无法确定技术矛盾的类型，这时就需要借助 TRIZ 理论的物–场模型来找到并确定技术矛盾的类型。物–场模型是 TRIZ 理论中重要的问题描述和分析工具，它运用统一的图形和符号类的技术语言，以 76 个标准物场模型来描述技术系统从"问题模型"转换到"解决方案模型"过程的方法。图形描述问题的方式也更容易统一认识，减少歧义。

阿奇舒勒将一种物质通过场（能量）作用于另一种物质而产生的输出定义为功能，通俗来讲，就是用方法解决问题的过程。一个基本的物场模型如图 6-2 所示。图 6-2 中包含三个基本要素，其中 S_1、S_2 是具体的"物"，如材料、工具、零件、人、环境等，目前学界一般用 S_1 表示作用对象，S_2 表示工具；F 是抽象的"场"，可以是机械场、热场、化学场、电场、磁场、重力场等。这样就构成了物–场模型。物–场模型有四类：有效完整模型、不完整模型、非有效完整模型、有害模型。第一种模型是我们追求的目标，而对于后三种模型，TRIZ 理论提出了物–场模型的 76 个标准解法来解决。

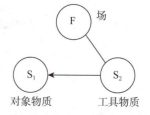

图 6-2　物–场模型

▶ **典型案例**

铜板的清洗问题

问题：电镀纯铜时，少许电解液会留在铜表面的微孔中，若不清除，电解液干燥时会留下氧化的痕迹，影响产品的外观，降低产品的价值。因此通常在储存之前，要先冲洗表面。但是，因为微孔很小，即使用大量的水冲洗，还是会有一些电解液留在微孔中。

改进方法：

第一步：确定造成问题的相关元素。物质——电解液（S_1）、水（S_2）；场——机械力（F）。

第二步：用物-场分析模型反映问题。功能问题为效果不足。

第三步：选择问题模型的一般解法。效应不足的完整模型有三种解法：

①改用新的场（F_2）来代替原有的场（F_1），或用新的场（F_2）和物质（S_3）来代替原有的场（F_1）和物质（S_1）。

②增加一个新的场（F_2）来增强需要的效果。

③增加新的场（F_2）和物质（S_3）来加强原有的效果。本问题适用的解法为②、③两种。

第四步：开发设计概念。

如使用解法②，则是增加一个新的场（F_2）来增强清洗效果。该场可以为机械力（超声波）、热力（热水）、磁力（磁化水）、化学力（溶剂）等。

如使用解法③，则可以增加 F_2 压力、S_3 蒸气来加强清洗效果。高压蒸气（超过100℃）可以深入微孔，强迫清出电解液。

（案例来源：https：//www.jianshu.com/p/a30f87636b28）

讨论：以上解决问题的步骤是否科学、合理？你是否有更好的解决方案？是什么？

▶▶▶ 五、发明问题的 76 个标准解决方法 ▶▶▶

阿奇舒勒在分析大量专利中问题的物-场模型之后，归纳出了可适用于不同领域发明问题的通用解法，即 76 个标准解。

76 个标准解可分为五级，如表 6-3 所示：

不改变或仅少量改变系统（13 个标准解），即第一级，建立或拆解物-场模型，如表 6-4 所示；改变系统（23 个标准解），即第二级：强化物-场模型，如表 6-5 所示；传递系统（6 个标准解），即第三级：向超系统或微观级转化，如表 6-6 所示；检测系统（17 个标准解），即第四级：测量或检测的标准解法，如表 6-7 所示；简化改进系统（17 个标准解），即第五级，简化与改善策略，如表 6-8 所示。

当遇到疑难复杂的发明问题时，可以通过物-场模型及 76 个标准解来快捷、有效地实现技术系统的转换和发展。

表6-3 标准解法的分布

级别	名称	子级数	标准解数
1	建立或拆解物-场模型	2	13
2	强化物-场模型	4	23
3	向超系统或微观级转化	2	6
4	测量或检测的标准解法	5	17
5	简化与改善策略	5	17
合计	5级	18	76

表6-4 第一级：建立或拆解物-场模型

序号	名称	编号	所属子级
1	建立物-场模型	S1.1.1	S1.1 建立物-场模型
2	内部合成物-场模型	S1.1.2	
3	外部合成物-场模型	S1.1.3	
4	与环境一起的外部物-场模型	S1.1.4	
5	与环境和添加物一起的物-场模型	S1.1.5	
6	最小模式	S1.1.6	
7	最大模式	S1.1.7	
8	选择性最大模式	S1.1.8	
9	引入S_2消除有害效应	S1.2.1	S1.2 拆解物-场模型
10	引入改进的S_1或（和）S_2来消除有害效应	S1.2.2	
11	排除有害作用	S1.2.3	
12	用场F_2来抵消有害作用	S1.2.4	
13	切断磁影响	S1.2.5	

表6-5 第二级：强化物-场模型

序号	名称	编号	所属子级
1	链式物-场模型	S2.1.1	S2.1 向合成物-场模型转化
2	双物-场模型	S2.1.2	
3	使用更可控制的场	S2.2.1	S2.2 加强物-场模型
4	物质S_2的分裂	S2.2.2	
5	使用毛细管和多孔的物质	S2.2.3	
6	动态性	S2.2.4	
7	构造场	S2.2.5	
8	构造物质	S2.2.6	

续表

序号	名称	编号	所属子级
9	匹配场 F、S_1、S_2 的节奏	S2.3.1	S2.3 通过匹配节奏加强物-场模型
10	匹配场 F，和 F_2 的节奏	S2.3.2	
11	匹配矛盾或预先独立的动作	S2.3.3	
12	预-铁-场模型	S2.4.1	S2.4 铁磁-场模型（合成加强物-场模型）
13	铁-场模型	S2.4.2	
14	磁性液体	S2.4.3	
15	在铁-场模型中应用毛细管结构	S2.4.4	
16	合成铁-场模型	S2.4.5	
17	与环境一起的铁-场模型	S2.4.6	
18	应用自然现象和效应	S2.4.7	
19	动态性	S2.4.8	
20	构造	S2.4.9	
21	在铁-场模型中匹配节奏	S2.4.10	
22	电-场模型	S2.4.11	
23	流变学的液体	S2.4.12	

表 6-6 第三级：向超系统或微观级转化

序号	名称	编号	所属子级
1	系统转化 1a：创建双、多系统	S3.1.1	S3.1 向双系统和多系统转化
2	加强双、多系统内的链接	S3.1.2	
3	系统转化 1b：加大元素间的差异	S3.1.3	
4	双、多系统的简化	S3.1.4	
5	系统转化 1c：系统整体或部分的相反特征	S3.1.5	
6	系统转化 2：向微观级转化	S3.2.1	S3.2 向微观级转化

表 6-7 第四级：测量或检测的标准解法

序号	名称	编号	所属子级
1	以系统的变化代替测量或检测	S4.1.1	S4.1 间接方法
2	应用拷贝	S4.1.2	
3	测量当作二次连续检测	S4.1.3	

续表

序号	名称	编号	所属子级
4	测量的物–场模型	S4.2.1	S4.2 建立测量的物–场模型
5	合成测量的物–场模型	S4.2.2	
6	与环境一起的测量的物–场模型	S4.2.3	
7	从环境中获得添加物	S4.2.4	
8	应用物理效应和现象	S4.3.1	S4.3 加强测量物–场模型
9	应用样本的谐振	S4.3.2	
10	应用加入物体的谐振	S4.3.3	
11	测量的预–铁–场模型	S4.4.1	S4.4 向铁–场模型转化
12	测量的铁–场模型	S4.4.2	
13	合成测量的铁–场模型	S4.4.3	
14	与环境一起的测量的铁–场模型	S4.4.4	
15	应用物理效应和现象	S4.4.5	
16	向双系统和多系统转化	S4.5.1	S4.5 测量系统的进化方向
17	进化方向	S4.5.2	

表6-8 第五级：简化与改善策略

序号	名称	编号	所属子级
1	间接方法	S5.1.1	S5.1 引入物质
2	分裂物质	S5.1.2	
3	物质的"自消失"	S5.1.3	
4	大量引入物质	S5.1.4	
5	可用场的综合使用	S5.2.1	S5.2 引入场
6	从环境中引入场	S5.2.2	
7	利用物质可能创造的场	S5.2.3	
8	相变1：变换状态	S5.3.1	S5.3 相变
9	相变2：动态化相态	S5.3.2	
10	相变3：利用伴随的现象	S5.3.3	
11	相变4：向双相态转化	S5.3.4	
12	状态间作用	S5.3.5	
13	自我控制的转化	S5.4.1	S5.4 应用物理效应和现象的特性
14	放大输出场	S5.4.2	

续表

序号	名称	编号	所属子级
15	通过分解获得物质粒子	S5.5.1	S5.5 根据实验的标准解法
16	通过结合获得物质粒子	S5.5.2	
17	应用标准解法5.5.1及标准解法5.5.2	S5.5.3	

▶▶▶ 六、科学和技术效应数据库 ▶▶▶

科学和技术效应数据库对发明问题的解决有强有力的帮助，是TRIZ知识库的重要组成部分。科学效应是科学原理、现象、定理和定律的集中表现形式和实施的必然结果。迄今为止，人们发现的科学效应已有1 400多个，在TRIZ理论中较为常用的有100个科学效应和现象。发明者在使用数据库时，可以首先根据物-场模型决定系统所要实现的功能，然后就能够轻松找到功能实现的方法。效应知识库由物理的、化学的、几何的等效应组成，因此使用者可以在数据库中找到多个方法再进行选择。主要的操作步骤如下：

第一步：确定系统中需要解决的问题，分析并准确定义问题解决所必须实现的功能。

第二步：按照所定义的功能在"功能代码表"中找到与之相对应的代码编号（$F_1 \sim F_{30}$）。

第三步：根据功能代码在"功能与科学效应和现象对应表"中查找可以实现此功能的科学效应和现象，获得TRIZ推荐的科学效应和现象的名称。

第四步：筛选适合解决系统问题的科学效应和现象。

第五步：查找筛选后的科学效应和现象的详细解释，尝试利用该效应解决系统问题。若问题能有效解决，则可形成最终解决方案。若验证失败，则需从第一步开始重新重复所有流程，直到找到最终解。应用效应解决问题的一般流程如图6-3所示。

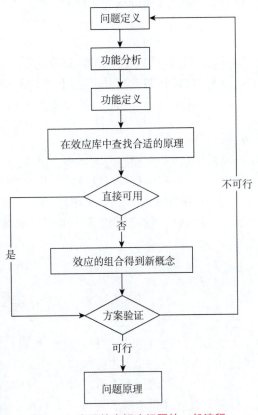

图6-3 应用效应解决问题的一般流程

思维火花

问题：如何测量灯泡压力

灯泡内部气体有一定的压力，当这个压力比正常压力高或低时，有可能导致灯泡爆裂。

解题思路：将问题定义为"如何准确测量灯泡内部气体的压力"。查询得到，可以测量压力的科学效应和现象有机械振动、压电效应、驻极体、电晕放电、韦森效应等多种，而其中只有电晕的出现依赖于气体成分和导体周围的气压。

七、发明问题解决算法（ARIZ）

TRIZ 把创新问题分为五个等级。一到三级的发明问题，可使用创新措施或标准解法解决；四到五级的发明问题较为复杂，为非标准发明问题，往往不能使用前面所讲的解题工具，因此 TRIZ 理论又提出了 ARIZ（Algorithm for Inventive Problem Solving），称为发明问题解决算法。ARIZ 是发明问题解决过程中应遵循的理论方法和步骤，是基于技术系统进化法则的一套完整的问题解决程序。它能够将初始问题程式化，如果经过分析与应用后问题仍无解，则认为定义初始问题的过程有误，需要对初始问题进行更一般化的定义。ARIZ 中冲突的消除依靠强大的效应知识库的支持。

ARIZ 解决问题的主要思路是采用各种方法将非标准问题转化为标准问题，然后应用标准解来获得解决方案。应用 ARIZ 包括以下步骤：

（1）识别并对问题公式化；
（2）构造存在问题部分的物-场模式；
（3）定义理想状态；
（4）列出技术系统的可用资源；
（5）向效应数据库寻求类似的解决方法；
（6）根据创新原则或分割原则解决技术或物理矛盾；
（7）从物-场模式出发，应用知识数据库（76 个标准和效果库）工具产生多个解决方法；
（8）选择只采用系统可用资源的方法；
（9）对修正完毕的系统进行分析，防止出现新的缺陷。

应用 ARIZ 取得成功的关键在于：还不十分明确地理解所要解决的问题的本质前，需要不断地对该问题进行细化；确定了物理矛盾之后，可以用软件解决计算烦琐复杂的问题。

第四节　克服思维惯性的 TRIZ 方法

TRIZ 揭示了人类认识和进行创新的客观规律，为我们提供了创新的工具。同时，为了使我们在创新过程中更好地克服思维惯性，打破思维定式，TRIZ 还给出了一系列方法，引导人们用不同的维度去看待问题。这些方法使人们的思考范围以问题为中心无限扩大，并且帮助我们在思考时暂时抛开客观限制条件，通过理想化来确定问题的理想解（Ideal Final Result，IFR）。通过首先确定最终理想解的方式，来使整个问题解决的过程不会偏离"轨道"，以此来提高创新的效率。

> **思维火花**
>
> 用金鱼法解决用四根火柴棍摆出"田"字的难题。
> （1）将问题分解为现实部分和不现实部分。
> 现实部分：四根火柴棍、组成一个"田"字的想法。
> 幻想部分：四根火柴棍在不损折的情况下组成一个"田"字。

(2) 幻想部分为什么不现实？因为受思维定式的影响，四根火柴棒只是四条线段，而组成一个"田"字至少需要六条线段，并且火柴棍不能折断。

(3) 在什么情况下，幻想部分可变为现实？借助它物；火柴棍上自身含有组成"田"字的资源。

(4) 确定系统、超系统和子系统的可用资源。超系统：火柴盒、桌面、空气、重力、灯光等。系统：四根火柴棍。子系统：火柴棍的横断面和纵断面。

(5) 利用已有的资源，基于之前的构思（第三步）考虑可能的方案：

①四根火柴棍借助火柴盒或者桌角的两条边就能摆成一个"田"字；

②四根火柴棍借助两条直光线也可以组成一个"田"字；

③火柴棍的横断面是个矩形，而四个矩形就能组成一个"田"字。

一、九屏幕法

系统论创始人美籍奥地利生物学家贝塔朗菲（Bertalarffy）指出，系统是"处于一定的相互关系中并与环境发生关系的各组成部分（要素）的总体（集）"。中国著名学者钱学森认为："系统是由相互作用相互依赖的若干组成部分结合而成的，具有特定功能的有机整体，而且这个有机整体又是它从属的更大系统的组成部分。"九屏幕法以系统论为基础，以包含该系统的超系统、技术系统本身、该系统所包含的子系统三个层次和过去、现在、未来三个时间维度组合，形成了九屏幕图，如图6-4所示。九屏幕图具有实用性强、可操作性高的优点，被阿奇舒勒称为"天才的思维方式"。

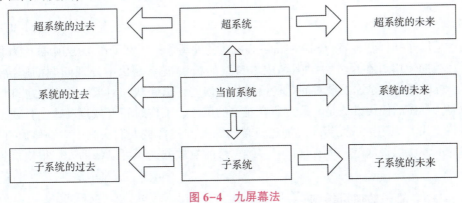

图6-4 九屏幕法

举例来说，如果我们将汽车当作一个当前系统，那么它的子系统就是轮胎、方向盘、油箱、变速箱等，又因为汽车处于道路交通系统之中，所以道路交通系统是汽车的超系统。当然，我们也可以称车库、道路是汽车的超系统。

当前系统是我们希望能在技术上有所突破的系统，所以它可以是汽车，也可以是车轮或者座椅等，只要我们能在分析时准确找到与之相对的超系统和子系统即可。九屏幕法旨在帮助我们在思考问题时，全面考虑系统的宏观和微观组成，以及其过去、现在和未来，从而打破思维局限，实现对系统的全面认识。

九屏幕法对多个维度进行交叉思考，对问题进行全面、系统的分析，可以帮助我们重新定义矛盾，找到解决问题的方案。接下来，我们详细讲述除当前系统之外的八个系统状

态会带给我们怎样的思考。

"系统的过去"是指要考虑问题发生之前的系统状况，包括运行情况、生产、研发、更新等生命周期中各阶段的情况，考虑在过去这个时间段内可以利用哪些资源防止问题发生，可以做出哪些努力来防止问题产生或减少当前问题的有害影响。

"系统的未来"是指要考虑问题发生之后系统可能的状况，考虑在未来时间里可以利用哪些资源或做出哪些努力来防止问题产生或减少当前问题的有害影响。

当前系统的"超系统"和当前系统的"子系统"，可以是各种物质、技术系统、自然因素、人与能量流等。人们通过分析如何利用超系统及子系统的元素及其组合，来解决当前系统存在的问题。

"超系统的过去"和"超系统的未来"，是指分析发生问题之前和之后超系统的状况，并分析如何利用和改变这些状况来防止问题发生或减轻问题的有害作用。

"子系统的过去"和"子系统的未来"，是指分析发生问题之前和之后子系统的状况，并分析如何利用和改变这些状况防止问题发生或减轻问题的有害作用。

通过一系列的分析，我们就会发现一些完全不同的观点，比如之前没有注意到的资源可以发挥关键作用，新的任务定义取代了原来任务的定义，对问题有了新的思考角度等。这样一番分析之后，我们就能轻松找到更优的问题解决方案。

九屏幕法使我们的视野突破当前系统的范围，在时间和空间的横纵坐标之间，扩宽思路、动态分析，从而找到有效的解决方案。作为一种破除心理惯性的有效方法，九屏幕可以贯穿创造性问题解决的全过程，在 TRIZ 中具有举足轻重的作用。因此，全面掌握并灵活运用该方法，对我们解决创造性问题大有裨益。

▶▶ 二、STC 算子 ▶▶▶ ▶

STC 是尺寸-时间-成本（Size-Time-Cost）的缩写。STC 算子在 TRIZ 中被称为参数算子，旨在帮助使用者在尺寸、时间和成本参数的极大极小变化中发现问题的解决方法。STC 算子可以使我们迅速发现对问题初始印象的误差，重新认识对象，并克服思维惯性产生的障碍。具体的使用方法是：假定研究对象的尺寸、工作时间（或运动速度）或工作成本（允许支出）无穷大或无穷小，通过极端的思考方式打破人们头脑中对物体原有尺寸、时间和成本的认识。这是一种有规律、多维思考的发散方式，可以帮助人们很快得到想要的结果。

（一）STC 算子的使用规则

（1）将研究系统的实际尺寸从当前状态减小至 0，再将其增加到无穷大，观察其变化。

（2）将研究系统的工作时间从当前状态减小至 0，再将其增加到无穷大，观察其变化。

（3）将研究系统的作用成本从当前状态减小至 0，再将其增加到无穷大，观察其变化。

在实际的应用中，要注意"尺寸"算子的三个维度，即长度、宽度和高度。使用者通常需要同时缩放这三个维度。如果效果不佳，不能观察到明显的特性变化，则需要先固定一个维度，放缩其他两个维度，再进行观察。"成本"算子不仅包括物体本身的成本，也包括物体完成主要功能所需的各种成本之和。

了解上述规则之后，可以据此改变研究对象，并从研究系统的变化中突破思维惯性，获得创新解。同时，为了使这些规则更有效，变化的过程需与研究系统的功能有关：

（1）尺寸变化的过程直接与研究系统的功能相关，如汽车的功能是载货，可以考虑货物是一根火柴或一座大山。

（2）时间变化的过程与研究系统功能所对应的性能相关，如汽车的功能是载货，载货的过程可以是一秒钟，也可以是一年。

（3）成本与实现功能的系统相关，如汽车的功能是载货，汽车的成本可以是1元，也可以是1000万元。

参数算子并不指向一个明确的答案，而是在多个参数的极端变化中使我们重新认识到当前问题，并产生多个"问题可能解"，非常有利于人们克服思维定式。下面将举一个简单的例子来说明STC算子的用法。

> **思维火花**
>
> 例如，在采摘苹果时怎么样才能更方便、快捷和省力呢？
>
> 为了解决这个问题，我们在STC算子思维坐标轴系统中，以尺寸、时间、成本三个角度做六个维度的思维尝试。
>
> 尝试1：假设苹果树的尺寸趋于零高度，这种情况下是不需要活动扶梯的，因此我们的解决方案是种植矮的苹果树。
>
> 尝试2：假设苹果树的尺寸趋于无穷高，这种情况下是无法制造常规活动扶梯的，可以设法将苹果树树冠变成方便人攀登的形状，以树冠代替活动扶梯。
>
> 尝试3：如果收获时间趋于零，即所有苹果必须同时成熟，那我们可以借助轻微爆破或压缩空气喷射。
>
> 尝试4：如果收获时间是无限的，我们的方法是任其自由掉落，那我们的方法就是在树下放一个软薄膜，防止苹果摔伤。
>
> 尝试5：假设收获成本费用是不花钱，收获方法是摇晃苹果树。
>
> 尝试6：如果收获成本费用允许无穷大，而没有任何限制，那我们就可以发明一种带有电子视觉系统和机械手控制的智能型摘果机或用机器人采摘。
>
> 可以看出，STC算子属于一种多角度看待问题的思维方式，可以帮助人们按照有规律的6个方向进行考虑，针对某一特定元素进行创新，从而使整个技术系统变得更有效率，避免试错法的低效。

（二）应用RTC算子需遵循的原则

（1）不对初始问题进行任何变动。

（2）上述使用规则需全部进行，直至获得新特性；每个过程需分阶段进行，每阶段需要多次改变物体参数，来观察和分析每一次变化所引起的特性改变。

（3）各参数所有阶段的变更需全部完成，不能因为在中间过程找到一个答案就停止参数变化，直到最后都要反复比较。

（4）可将物体拆分为几个单独的部分分析，也可对相似物体进行组合分析。

三、金鱼法

金鱼法来源于俄国诗人普希金的童话诗《渔夫和金鱼的故事》。这种方法鼓励人们大胆想象问题的解决方案，然后从中分出现实的部分和异想天开的部分，再从异想天开的部分中区分出现实部分和幻想部分，循环反复，直到非现实部分看起来微不足道，而现实部分足以解决当前问题时为止。金鱼法是一个不断分解构思方案的过程，在这个过程中，可以实现的解决措施逐渐浮现，最终将幻想的、天马行空的方案构思，变为解决问题的有效方案。金鱼法解决问题的流程如图 6-5 所示。

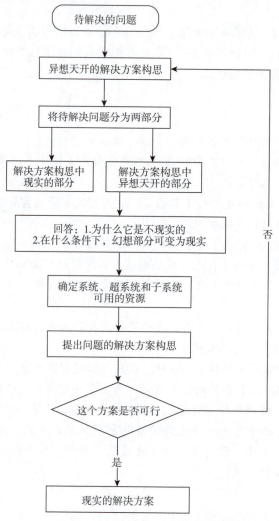

图 6-5　金鱼法解决问题的流程

金鱼法的使用步骤如下：

第一步：将解决方案构思分成现实的部分和异想天开的部分。

第二步：思考解决方案构思中异想天开的部分为什么不现实；在什么条件下，该部分可变为现实。

第三步：确定子系统、系统和超系统中可利用的资源。

第四步：以可利用资源为基础，再次提出可能的解决方案构思。

第五步：如果现有资源无法有效利用以实现构想方案，再回到第一步，重复第一步到第四步的过程，直至找到可以解决问题的解决方案。

下面根据具体案例说明如何使用金鱼法进行创新问题的解决。

▶ **典型案例**

训练长距离游泳的小型游泳池

问题情境：游泳运动员训练时，要使训练有效，就需要一个大型的游泳池，运动员可进行长距离游泳训练。同时，游泳池的占地面积和造价就会相应增加。用小型和造价低廉的游泳池，怎样满足长距离游泳的要求？

第一步：
将问题分成现实和幻想两部分。
现实部分：小型、造价低廉的游泳池。
幻想部分：在小型游泳池内实现单方向、长距离游泳训练。
第一步的关键在于对现实的部分和异想天开的部分精确界定，否则会影响下面的分析。

第二步：
想一想，幻想为什么不现实。
运动员在小型游泳池内很快游到对岸，需要改变方向。

第三步：
想一想，在什么条件下，幻想部分可变为现实。
如果运动员体型极小、运动员游速极慢或者运动员游动时能停留在同一位置，则幻想部分可变为现实。
第三步的关键在于思考要全面，不要随意抛弃你认为是异想天开的条件。

第四步：
列出子系统、系统、超系统的可利用资源。
超系统资源：天花板、墙壁、空气、给排水系统、教练员、座椅……
系统资源：游泳池的面积、体积、形状……
子系统资源：泳池底、泳池壁、水、上下的梯子、进水口、排水口、泳道线……

第五步：
从可利用资源出发，提出可能的构想方案。
如果运动员体型极小，相对于泳道而言是现实的，让运动员体型变成小蚂蚁大小则是异想天开的。联想田径场的跑道，物理周长只有几百米，但是却可以让运动员无限跑起来，因此，现实部分——体型相对较小是相对泳道的，如果游泳池建造成环形，则可以在小型游泳池内实现单方向、长距离游泳训练。

第六步：
构想中的不现实方案，再次回到第一步，重复。
可能的方案1：游泳池变为环形的。
可能的方案2：产生与运动员运动方向相反的风。
可能的方案3：借助供水系统的水泵，产生反方向流动的水。
可能的方案4：利用教练员给运动员施加反方向的力。
可能的方案5：增大水的摩擦力，如游泳池中灌注黏性液体。

可能的方案6：对运动员进行固定；

……

（资料来源：创新方法应用实务. 刘武，景智主编. 沈阳市总工会内部刊物. 2022）

讨论：你还有哪些可行性方案，可以解决以上问题？

▶▶▶ 四、小矮人模型法 ▶▶▶

小矮人模型法是阿奇舒勒在吸取西涅科金克·戈尔顿的移情方法的优点，并改进了移情法的缺点之后发明出来的。移情法要求使用者把自己比作变化的客体，包括能够促进想象力的幻想、感官，能够极大地促进创新发生，但是它在遇见需要分解客体的问题上，存在原则上的局限性。阿奇舒勒为了使该方法更加有效，将发明者本人替换为具备各种条件的模型"小矮人"，而且这些"小矮人"应该是任何数量、任何功能甚至是能实现一切的"人"。在常规思维中，解决问题通常是直接从问题到解决方案，这样极易导致思维惯性的产生，而小矮人模型法解决问题的思路是先将问题转化为小人问题模型，然后产生解决方案模型，最终产生解决问题的方案，这样可以有效克服思维惯性。

麦克斯韦的思维实验是应用小矮人模型法进行创新的典型案例。麦克斯韦在实验中需要将高能气体从一个容器运输到另一个容器中，于是他想到用一根管子将二者连接起来，管子上带有一个可以选择性关闭的"小门"，当高能快速气体到来时、"小门"打开，而低速气体到来时则关闭"小门"。创新学家通过麦克斯韦的实验认识到想象力的重要性。同时，阿奇舒勒将这些事实总结为一种方法，即"小矮人模型法"。我们可以将"小矮人"看作是漫画中的人物，他们能够集体行动，按照我们的想法帮我们完成任何事物，能够积极工作。这些"小矮人"能够被我们"看见"和"理解"，因此我们可以操纵并观察这些"小矮人"，通过他们的行动找到解决问题的方案。需要说明的是，"小矮人"不是使用者本人，我们不需要将自己代入，而是让"小矮人"代替我们做一些事情，因此我们可以避免主观性对创造的妨碍。小矮人模型建立的步骤如下：

（1）分析系统和超系统的构成。这里的"系统"指出现问题的系统，只有准确定位系统所处层级，才能精准分析并解决问题。如果将系统层级定位过高，会导致信息不充分、不准确，必定会给问题分析带来难题；如果将系统层级定位过低，可能会遗漏重要信息。因此建立小矮人模型的第一步，是仔细分析系统和超系统的构成，描述其组成部分，根据具体问题准确选择系统层级。

（2）问题描述及矛盾提取（问题分析）。当系统不能再承担其必要功能，并相互矛盾时，要对系统矛盾进行提取。首先描述问题背景，包括系统矛盾产生的原因，然后根据问题描述进行系统分析，最后明确系统各部分的功能及相互关系，确定矛盾问题。

（3）问题模型建立（当前怎样），如图6-6所示。描述系统中各个组成部分的功能，将这些功能组件想象成一群一群具有特定功能的小矮人，并用不同的颜色表示。对于存在问题的部分，也将其想象成一组小矮人，再根据问题描述对各组小矮人进行分组和空间排布，以此来代替原有系统的各个功能组件。此时待解决的问题就转化为了小矮人问题模型。

（4）方案模型建立（怎样组合）。研究得到了小矮人问题模型，然后赋予小矮人"生命",根据问题特性以及各个小矮人承担的功能,在保证每组小矮人关系不变的情况下对其进行重组、移动、增补等方式改造,以解决问题。

(5)过渡到技术解决方案(变成怎样),如图 6-7 所示。在对各组小矮人进行重组、移动、增补、裁减等改造完成之后,将"幻想"还原为"现实",根据小矮人的分组和分布情况移动变化系统部件,如果有新增小矮人,需要根据小矮人功能找到对应的功能组件。

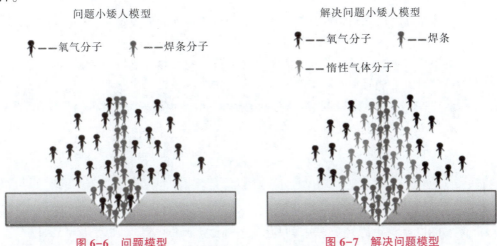

图 6-6　问题模型　　　　　　　图 6-7　解决问题模型

▶ 典型案例

设计新型水杯过滤网

问题情境:
用普通水杯喝茶,当茶叶较碎时,很多茶叶会随水一同出来;当喝叶片较大的茶叶泡的茶时,茶叶会在喝完茶后粘在杯壁上,使人不易清理水杯。

第一步:
分析系统和超系统的构成。系统的构成有水杯杯体、水、茶叶、过滤网及杯盖。

第二步:
确定系统存在的问题或者矛盾。当水杯使用者喝较碎的茶叶泡的茶时,需要过滤网的孔非常小;当喝叶片较大的茶叶泡的茶时,茶叶不容易清理,出现了两个问题。

第三步:
建立小人问题模型描述系统组件的功能。

第四步:
建立方案模型。在小人模型中,有三种小人,红色小人(过滤网)执行的主要功能是喝水时将黑色小人(茶叶)和蓝色小人(水)分离,也就是将黑色小人固定在一个区域内,蓝色小人可以自由移动,同时不能造成在蓝色小人进入时,引起蓝色小人和白色小人之间的对峙。进一步激化矛盾,当红色小人之间的间距非常小时,白色小人和蓝色小人都很难通过,同时将红色小人移动在杯口,这时蓝色小人向下移动就会向外溢出。考虑可否将水杯颠倒,或将红色小人在整个水杯中的站位进行调整,从上方移动到下方，不会造成蓝色小人向外移动的现象（溢出烫伤）。当红色小人移动到下方时，黑色小人进入杯子比较困难，如果杯体下方能够给黑色小人开一扇门，那么黑色小人的进出将变得非常容易。这时大量蓝色小人进入时，没有红色小人的阻挡，很容易的向下移动，而黑色小人由于下方有门，可很容易地出入，而红色小人的间距非常小，有效实现黑色小人和蓝色小人之间的隔离。

第五步：

从解决方案模型过渡到实际方案。根据第四步的解决方案模型，将过滤网安装在水杯的最下方，同时将水杯的下方也设计为可以开口的形式，从而解决上述问题。在倒入开水时，水不易溢出；在喝叶片较小的茶叶时，茶叶经过滤网便不再随水出来；当喝叶片较大的茶叶时，茶叶随水附在过滤网上，直接冲洗水杯最下方即可。

（资料来源：https://mp.weixin.qq.com/s/MhLITOQTjaqA7ILMboj6sw）

讨论：对于以上问题，你有没有更好的解决方案？

思维训练

1. 试将TRIZ理论中的创新原理与以往的创新方法进行比较。

2. 考生在绝对不能作弊的考场中进行包括作文的语文测验，结果居然出现了两张一模一样的答卷。

请问：这是为什么？

3. 谜语：一个不出头，两个不出头，三个不出头。不是不出头，就是不出头。（猜一字）

4. 有人用60元买了一只羊，又以70元的价格卖出去；然后他又用80元的价格买回来，再以90元的价格卖出去。请问：在这只羊的交易中，他赚了多少钱？

5. 尽可能说出牙膏的用途。

户外拓展

1. 吸豆竞走。

参加人数：5~10人一组。

活动时间：20~30分钟。

活动目的：团队成员体会合作的重要性。

活动规则：组员分成两队，各成单行纵队站在线的后面；在起点和终点处各摆放一只空碗，终点碗内盛有与各队人数等量的豆子；第一人拿着吸管跑到对面终点，用吸管吸起一粒豆子，跑回来放在起点空碗内，如途中豆子落地要重新吸起再跑，然后交第二人继续，如此类推，先跑完的一队获胜。

2. 集体创作。

参加人数：10~15人一组。

活动时间：20~30分钟。

活动目的：增强团队成员你的创作能力和合作精神。

活动规则：根据指定创作主题，各组组员轮流在纸上或黑板上作画，每人只能画一笔，画的最完全、最好的小组获胜。

3. 你追我逃。

参加人数：8人以上。

活动时间：5~10分钟。

活动目的：培养团队成员的应变能力。

活动规则：选出逃走者和追捕者，其他组员两人一前一后整齐地围成一圈，间隔二手宽度，哨音响后，追捕者开始抓逃走者。各人只准用脚贴脚的步伐不行，逃走者疲乏后，可以跑到其中一组的前面，后面的人就变为逃走者，被抓到的人，就变为追捕者。

脑力激荡

1. 玫瑰花想象练习。

在脑海里设想一朵玫瑰花，想象它的芳香。你正在一座开满玫瑰花的山上，山上飘荡着浓郁的玫瑰花香味。花香对你会有什么作用？在这种情况下你会干什么？滴一滴麝香来重复这个练习，然后设想满满一湖的麝香会产生多么浓烈的香味。再次发挥想象力，想象在一片森林里，小鸟的歌声婉转悠扬，此起彼伏，煞是热闹的情形。

一定要努力做这个练习。想象的时候要尽可能清晰真切。反复想象，直到这幅图像在脑海里生动地浮现，就像真实地呈现在眼前一样。最后跟大家分享一下，练习了玫瑰花想象之后，自己得到了什么启发。

2. 黑帽白帽。

一群人开舞会，每个人头上都戴着一顶帽子，帽子只有黑、白两种，黑的至少有一顶。每个人都能看到其他人帽子的颜色，却看不到自己的。主持人先让大家看看别人头上戴的什么帽子，然后关灯，如果有人认为自己戴的是黑帽子，就拍自己手掌一下，第一次关灯，没有声音。于是再开灯，大家再看一遍，关灯时仍然鸦雀无声，到第三次关灯后，才有啪啪啪啪手掌的声音响起。

请分析一下：有多少人戴着黑帽子？

3. 面试高手。

有个青年去某单位招工处参加面试，面试者排着长队，而他在后面第21位，可能希望渺茫。他很着急，于是急中生智，逼发灵感。他写了一张纸条，托工作人员送到主考官手中。之后，他真的应聘成功了。

你猜他可能写的是什么内容？

第七章　常见的创新技法类型

我们在进行具体的创新活动时，想要灵活运用各种创造原理和创新思维模式，解决实际问题，就需要进一步学习创新技法。创新技法是创造学家们根据大量成功的创造创新实例，依据创造性思维的发展规律归纳总结的一些方法和技巧。本章将介绍一些常见的创新技法类型。

创新技法是创造原理与生产、生活实践相结合后，将创造原理具体运用出来的程序或步骤的方法，主要有智力激励型、设问型、列举型、类比型和组分型五大类。除了这些典型的创新技法，还有一些其他的方法，如六顶思考帽法和思维导图法。

第一节　智力激励型创新方法

智力激励型创新方法中，最为典型的是头脑风暴法。

一、头脑风暴法

（一）头脑风暴法概述

"头脑风暴"一词，最早是精神病理学上的用语，是指精神病患者胡思乱想的思维状态。头脑风暴法又称智力激励法、集思法、畅谈法等，是由美国创造学家亚历克斯·奥斯本于1953年提出的集体思考方法，即项目组成员以会议形式，通过讨论，相互激励引发联想反应，在自由的氛围下，竞相发言，畅所欲言。

> **典型案例**
>
> **如何清扫电线积雪**
>
> 有一年，美国北方格外严寒，大雪纷飞，电线上积满冰雪，导致大跨度的电线常被积雪压断，严重影响通信。过去，许多人试图解决这一问题，但都未能如愿以偿。后来，电信公司经理应用奥斯本发明的头脑风暴法，尝试解决这一难题。
>
> 他召开了一种能让头脑卷起风暴的座谈会，参加会议的是不同专业的技术人员，要求他们必须遵守以下原则：

第一，自由思考。他要求与会者尽可能解放思想，无拘无束地思考问题并畅所欲言，不必顾虑自己的想法或说法是否"离经叛道"或"荒唐可笑"。

第二，延迟评判。他要求与会者在会上不要对他人的设想评头论足，不要发表"这主意好极了！""这种想法太离谱了！"之类的含评判性的话。至于对设想的评判，留在会后组织专人考虑。

第三，以量求质。他鼓励与会者尽可能多而广地提出设想，以保证质量较高的设想的存在。

第四，结合改善。他鼓励与会者积极进行智力互补，在增加自己设想的同时，注意思考如何把两个或更多的设想结合成另一个更完善的设想。

按照这种会议规则，大家七嘴八舌地议论开来。有人提出设计一种专用的电线清雪机；有人想到用电热来化解冰雪；也有人建议用振荡技术来清除积雪；还有人提出能否带上几把大扫帚，乘坐直升机去扫电线上的积雪。

对于这种"坐飞机扫雪"的设想，虽然大家心里觉得滑稽可笑，但在会上也无人提出批评。相反，有一工程师在百思不得其解时，听到用飞机扫雪的想法后，大脑突然受到冲击，一种简单可行且高效率的清雪方法冒了出来。他想，每当大雪过后，出动直升机沿积雪严重的电线飞行，依靠高速旋转的螺旋桨即可将电线上的积雪迅速扇落。他马上提出"用直升机扇雪"的新设想，顿时又引起其他与会者的联想，有关用飞机除雪的主意一下子又多了七八条。不到一小时，与会的10名技术人员共提出90多条新设想。

会后，公司组织专家对设想进行分类论证。专家们认为设计专用清雪机，采用电热或电磁振荡等方法清除电线上的积雪，在技术上虽然可行，但研制费用大，周期长，一时难以见效。那种因"坐飞机扫雪"激发出来的设想，倒是一种大胆的新方案，如果可行，将是一种既简单又高效的好办法。经过现场试验，发现用直升机扇雪真能奏效，一个久悬未决的难题，终于在头脑风暴会中得到了巧妙解决。

随着发明创造活动的复杂化和课题涉及技术的多元化，单枪匹马式的冥思苦想将变得软弱无力，而群策群力的发明创造战术则显示出攻无不克的威力。

（资料来源：https://iask.sina.com.cn/b/8974743.html）

讨论：电信公司经理是如何应用奥斯本发明的头脑风暴法解决问题的？

（二）头脑风暴法的原则

（1）自由畅想原则：要求与会者自由畅谈。

（2）延迟评判原则：对别人提出的任何设想，即使是幼稚的、错误的、荒诞的都不许批评。这一原则也要求与会者不能进行肯定的判断。

（3）以量求质原则：会议强调，在有限时间内提出设想的数量越多越好。

（4）综合集成原则：会议鼓励与会者用别人的设想拓展自己的思路，提出更新奇的设想，或是补充他人的设想，或是将他人若干设想综合起来提出新的设想。

（三）头脑风暴法的运用程序

（1）准备阶段，包括明确讨论主题、确定主持人及8~12人的参会人员、准备会场、明确人员分工等。

（2）会议实施阶段，包括热身、介绍问题及要求、与会人员分析问题、主持人引导发言、自由畅谈提出设想等。

（3）会后归纳整理阶段。会后，主持人分类整理好会议记录，展示给与会者，再从效果和可行性角度筛选出有实用价值的设想，最终确定1~3个最佳方案。

二、默写式智力激励法

在智力激励法的基础上，人们又根据具体情况对其形式做了多种多样的发展，其中最常见的是默写式智力激励法。默写式智力激励法，是由德国学者鲁尔巴赫根据德意志民族善于沉思的性格特点，以及由于通常的头脑风暴会议可能存在数人争着发言，而易使点子遗漏的缺点，对奥斯本智力激励法进行改造而创立的一种用书写的方式阐述点子的方法。按照这一方法，每次会议有6人参加，每人首先备有一张卡片，会议要求每人于5分钟内在各自的卡片上写出自己的3个设想，故名"635法"，然后将卡片传给自己的右邻。每人接到左邻的卡片后，在第二个5分钟内参考别人所写的设想后再在其下写出3个设想，然后再次把自己填写的卡片传给右邻……如此多次传递，共传6次，半小时即进行完毕，理论上可产生$6×3×6=108$个点子。由于这种方法是6人参加，每人3张卡片，每次5分钟。

三、卡片式智力激励法

卡片式智力激励法可分为CBS法和NBS法两种。CBS法由日本创造开发研究所所长高桥诚根据奥斯本的智力激励法改良而成；NBS法是日本广播电台开发的一种智力激励法。

（一）CBS法

CBS法，由日本创造开发研究所所长高桥诚创立。其特点是，会议期间任何人都可以对其他人提出的创意进行质询和评价。

CBS法的具体做法是：

①组织人员参加会议，会前明确会议主题。

②每人分发50张卡片，另准备200张备用。

③会议最初10分钟为"独奏"阶段，与会者单独进行脑力激荡活动，各自在卡片上填写设想，每张卡片写一个设想，以20~30字为宜，文字应简明易懂。

④接下来的30分钟，由到会者按座位次序轮流发表自己的设想，每次只能宣读一张卡片。宣读时将卡片放在桌子中间，让到会者都能看清楚。若卡片内容与他人重复，应予舍弃，等待下一轮，但不得两次轮空。听众可以提出质询，或实时将新的构想写在备用的卡片上。

⑤最后再用20分钟进行交流讨论，诱发新设想，议论并完善原来提出的好设想。会议一般进行1小时左右，不仅完成产生设想的程序，而且基本完成对设想的评议筛选工作。

使用该方法的注意事项：

参会人员：3~8人为宜。

桌子需大致能铺200张卡片。

主持人需注意时间的掌握。

（二）NBS 法

日本广播公司又在上述基础上，提出一种叫作 NBS 的智力激励法。它与 CBS 的不同之处在于，个人的设想要在会前就准备好填写在卡片上，尽量不要花费会议时间。

NBS 的具体做法是：

①会前必须明确主题。

②参加者对会前所提示的主题进行设想，并把设想写在卡片上，然后带入会场（每张卡片写一个设想，每人提出 5 个以上的设想）。

③会议开始后，各人出示自己的卡片，并依次作出说明。

④在别人宣读设想时，如果自己发生了"思维共振"，产生新的设想，应立即填写在备用卡片上。

⑤待到会者发言完毕，将所有卡片集中起来，按内容进行分类，横排在桌上，在每类卡片上加一个标题。

⑥然后进行讨论，挑选出可供实施的设想。

使用该方法的注意事项：

①参加者宜 5~8 名。

②时间约花费 2~3 小时。

（三）CBS 法/NBS 法操作须知

CBS 和 NBS 法在时间上都做了限制，在紧张的气氛下，使参加者的大脑处于高度兴奋状态，有利于激励出新的设想。适用于产品革新、技术改进、改善管理等工作。

运用这两种方法，能填补人们的知识空隙，相互激励，相互诱发，产生连锁反应，扩大和增多创造性设想。因此，它能极其惊人地产生出大量的创造性设想。

而且，这两种方法把书面表述和口头畅谈结合了起来，一张卡片一个设想，内容完整，条理清楚，便于会后的整理与开发，效果比较理想。

四、智力激励法的优缺点

不论是智力激励法还是其派生出的"635 法"、CBS 法和 NBS 法，由于在时间安排上均做了限制，可使人在紧张的气氛中处于高度兴奋状态，通过相互激励而扩大、增多创造性设想，因而它是一个重要的也是基本的创造技法。

然而，现在创造学界也有一些人认为智力激励法尚存在不少局限之处。比如，有学者认为，智力激励法对于一些具体的、窄而专的科技问题基本无效，因为在运用该技法时非专家对于这些领域了解太少，所以无法提出什么设想来，如非电子学专业的专家就不太可能提出有关可控硅快速放大问题的设想。因此有人认为，智力激励法应当主要用于开发新产品、扩大产品用途和改进广告设计等方面。

从行为创造学角度分析，智力激励法由于以产生众多创造性设想为目的，因而应归入创造性思维方法，而不宜放入创造技法之中。因为创造技法所产生的结果叫作方案，方案是在设想筛选之后而产生的，因此设想并不等于方案。创造性思维的方法与创造技法是属于不同范畴的两个概念。

第二节　设问型创新方法

设问型创新方法是指通过有序地、有目标的提出一些问题，使问题具体化，启发人们系统地思考解决问题的可能性，产生创新方案的创新方法。设问型创新方法中最为典型的是奥斯本检核表法，较为常用的引申方法有5W1H法、和田十二法和系统设问法。

一、奥斯本检核表法

（一）奥斯本检核表法概述

奥斯本检核表法由创造学之父亚历克斯·奥斯本提出，又称为检核表法、分项检查法、对照表法等。该方法根据研究对象的特性列出思考过程的9个方面的问题，逐项进行思考和讨论，以便寻求新创意、新方案和新思路。

该方法应用范围广，突破了旧的思考框架，有利于拓展思路，简单易学，有很强的操作性和实用性。

（二）奥斯本检核表法的内容

奥斯本检核表法主要从现有研究对象有无他用、能否借用、能否改变、能否扩大、能否缩小、能否代替、能否调整、能否颠倒、能否组合等9个方面进行提问，并形成检核表。

（1）有无他用。现有事物还有没有其他用途或设想，或者稍加改造可以扩大其用途或发明新的东西。

（2）能否借用。现有事物是否可以借鉴其他事物的设想或引入其他创新成果，是否可以模仿其他事物。

（3）能否改变。现有事物能否在形状、结构、气味、颜色、声音等方面进行适当改变。

（4）能否扩大。现有事物能否在功能、使用范围、技术、时间、强度、价值等方面进行增加一些东西，实现扩大。

（5）能否缩小。现有事物能否再缩小，去掉某些部分，使其简单化、浓缩化、微型化。

（6）能否代替。现有事物能否通过更换顺序、型号、材料、资源、功能等方面来代替。

（7）能否调整。现有事物能否通过变更模式、变换布置、改变型号等方面进行调整。

（8）能否颠倒。现有事物能否在正反、头尾、上下、主次等相反的方向进行颠倒。

（9）能否组合。现有事物能否在方案、原理、材料、功能等方面进行重组。

（三）奥斯本检核表法的注意事项

奥斯本检核表法具有很强的实用性，使用该方法时需要注意：不要过分拘泥于该方法，应结合其他多种创新方法；检核的内容应根据具体的事物和应用进行灵活改变。该方法主要提供一种大概的思路，还需进一步与其他技术方法结合。

▶ **典型案例**

石头变斑马线

在古罗马时代，为了行人穿越马路的安全，在交叉路口会砌起一块块凸出路面的石头，作为指示行人过街的标志。行人可以踩着这些石头穿过马路。但马车通过时，则必须减速慢行，避开石头，才不会影响其正常行驶。到了19世纪末，能综合体现人类科技与文化能力的汽车亮相了，以前的石头人行横道线成了现代交通的障碍，于是人们用画出来的线条来代替原来的石头，也就是现在的斑马线。

司机只要看到"斑马线"就会小心慢行或停下来让行人先走，这样适合现代生活的人行横道线就时刻为人们服务着。

（资料来源：冯林，张崴. 批判与创意思考［M］. 北京：高等教育出版社，2015.）

讨论：请联系实际，举例说明如何运用奥斯本检核表法解决问题？

▶▶▶ 二、5W1H 法 ▶▶▶

作为设问型创新方法引申方法之一的 5W1H 法，在解决实际问题时，开拓了创新的思路，提高了创新的成功率。

▶ **典型案例**

常言道"民以食为天"，我们每天都要吃饭，我们身体所需的各种营养物质都来自我们的饮食。随着生活水平的提高，我们对饮食的要求也越来越高。我们可以从各种渠道获得很多关于健康饮食的信息，然而我们获得的信息大多是关于应该吃什么的，其实这还远远不够，因为有一部分人发现，即使他们坚持吃健康的食物，仍然会受到胃肠道问题和其他慢性健康问题的困扰。我们就用 5W1H 法来分析一下健康饮食应该是什么样的。

Why——为什么吃饭？

我们为什么要吃饭？这个相信不用多说了吧，首先当然是为了满足身体每天所需的营养，另外就是让我们变得更健康、更快乐，也有的人可能希望通过健康饮食来解决某些疾病问题。

What——吃什么？

吃什么是保证健康的关键，大家可能从各种渠道了解过这方面的信息。例如我们应该尽量避免加工食品和所有的简单糖。加工食品被设计成高盐、高脂和高糖的形式，使它们美味可口；加工食品还通常是低膳食纤维或完全缺乏膳食纤维的，它们是部分消化的而且容易让人上瘾。我们的身体会很快接受这些所谓的"食物"中的所有卡路里，这些食物会导致我们的血糖飙升，扰乱我们的激素。偶尔吃一次不会对我们造成伤害，但是长期食用加工食品会严重危害健康。

碳水化合物、脂肪和蛋白质是我们人体所需的三大主要营养素，无论是碳水化合物、脂肪还是蛋白质，即使是优质健康的，也应该适量，摄入过多也会导致肥胖，蛋白质的摄入过多还会导致肾脏负担增加。

Where——在哪吃？

注意，在哪吃也很重要。想要健康，首先，应尽可能在家吃，毕竟自己做饭是最健康的；另外，吃饭就坐在餐桌前专心地吃，不要边看电视或边玩手机边吃饭。

现在我们每个人的生活压力都很大，我们很多时候甚至边走边吃、边开车边吃、边工作边吃。我们可能没有办法每一顿饭都坐在餐桌前专心地吃，那可以从周末开始，尝试让自己专心地吃一顿饭。

When——什么时间吃？

关于什么时间吃饭最健康的问题，只要我们合理安排进食时间，让饮食时间与我们的生物钟同步，可以让食物更好地为我们工作，就可以保持健康。

Who——谁吃？

谁吃？当然是我们每一个人。由于每个人的身体健康状况存在差异，对营养的需求是不同的；此外，不同年龄阶段的人，对营养的需求以及消化和吸收能力也存在差异。所有这些都决定健康饮食应该是因人而异的。

关于"谁吃"这个问题还涉及跟谁一起吃。某些人可能给你带来不良的饮食习惯，而另一些朋友则可能鼓励你养成健康的饮食习惯。

How——怎么吃？

健康饮食因每个人的需求不同而不同，所以"怎么吃"是一个非常复杂的问题。

首先，不管怎样，我们应该细嚼慢咽，专心吃饭，专注于食物，不分心，不被其他事情干扰。如果我们不能专心吃饭，狼吞虎咽地吃，在不知道自己感受的情况下，一口接着一口地吃，很容易吃得过多，也会带来许多健康问题。

有的人可能对某些特定的食物过敏，对于这样的人，即使是健康的食物，也应该尽可能避免。

健康的人和身患疾病的人，以及不同年龄阶段的人对营养的需求和消化吸收的能力是不一样的，所以每个人的健康饮食应该存在些许差异。食物的烹饪方式也会影响食物的健康程度。

（资料来源：https://info.autotimes.com.cn/info/80575.html）

讨论：怎样应用5W1H思考法分析健康饮食问题的？

（一）5W1H法概述

5W1H法又称为六何分析法，是用英语词汇中的6个疑问词来进行设问的方法，这6个英文词的首字母是5个W和1个H，所以被称为5W1H法。该方法是在国际上广泛使用的一种思考方法，有助于人们进行全面分析和深入研究。

（二）5W1H法的具体内容

5W1H法是对选定的客体，从原因、人员、时间、地点、具体事件和采用的方法等6个方面提出问题，并进行思考。也有5W2H分析法的说法，即在5W1H的基础上又增加了一个 H，即 How much（多少）。

1. What（何事）

确定事件，解决"是什么"的问题，即：条件是什么？目的是什么？重点是什么？结构是什么？功能是什么？这样做的理由是什么？不这样做会怎么样？

2. Why（何因）

确定目的，解决"原因"的问题，即：目的是什么？为什么要做？可不可以不做？

3. When（何时）

确定顺序，解决"时间"的问题，即：在什么时间做？为什么在这个时间做？有没有别的时间做？

4. Where（何处）

确定场所，解决"地点"的问题，即：何地最适宜？地点选在哪里？为什么选在那里？是否可以选在别处？

5. Who（何人）

确定责任人，解决"谁来做"的问题，即：谁能胜任？为什么是他来做？是否可以由别人来做？

6. How（何法）

确定手段，解决"怎么做"的问题，即：怎么干？为什么干？有无其他方式方法？

（三）5W1H 法的具体操作步骤

（1）检查现状的合理性。通过回答 Who、What、When、Where、Why、How 等问题，梳理当前需要解决的问题，分析问题的本质。

（2）找出现行方案的优缺点，探讨能否进行改善。找出问题产生的原因和存在的影响，探讨现行方案的优点和缺点，确定可以改善的方面。

（3）提出改善方案。基于问题的分析和现行方案的探讨，制定可行的解决方案和有效的措施，并付诸行动。

三、和田十二法

和田十二法，又称为"和田创新法则"（和田创新十二法），由我国学者许立言、张福奎借用奥斯本检核表基本原理，加以创造而提出的一种思维技法。它既是对奥斯本检核表法的一种继承，又是一种大胆的创新。这些技法更通俗易懂，简便易行，便于推广。如果按这十二个"一"的顺序进行核对和思考，就能从中得到启发，诱发人们的创造性设想。

（1）加一加：加高、加厚、加多、组合等。

（2）减一减：减轻、减少、省略等。

（3）扩一扩：放大、扩大、提高功效等。

（4）变一变：变形状、颜色、气味、音响、次序等。

（5）改一改：改缺点、改不便、不足之处。

（6）缩一缩：压缩、缩小、微型化。

（7）联一联：原因和结果有何联系，把某些东西联系起来。

（8）学一学：模仿形状、结构、方法，学习先进。

（9）代一代：用别的材料代替，用别的方法代替。

（10）搬一搬：移作他用。

（11）反一反：能否颠倒一下。

（12）定一定：定个界限、标准，能提高工作效率。

四、系统设问法

系统设问法是针对事物系统地罗列问题，然后逐一加以研究、讨论、多方面扩展思路，从单物品中萌生出许多新的设想。系统设问可以从下列方面入手：

（一）转化

这件物品能否有其他用途？将其稍微改变一下，是否还有别的用处？

"拉链"最初只用在鞋上，后来人们将它用在提包、服装上等等，现在其用途十分广泛，甚至还应用到了解决在太空失重状态下的行走问题。普通的椅子可以转化成躺椅、摇椅、转椅；等等。

（二）引申

有别的东西像这件物品吗？是否可以从这件物品引申设想出其他东西？

医院的病床可躺可坐，成为可调成椅状的病床。儿童手推车也是由椅子引申而来。

（三）改变

改变原来的形状、颜色、气味、式样等，会产生什么结果？

普通椅子占据的空间较大，人们改变了其结构，设计了折叠椅，不用时可以收起来，少占空间。

> **思维火花**
>
> 随着火车的出现，火车的制动问题成了当时急需解决的难题，美国人威斯汀豪斯致力于这项工作。他首先想到用火车的蒸汽动力进行制动，实验时发现制动力不足，失败了。有一天，他乘车外出旅行，随便买了一本杂志消遣。他读到一篇介绍使用压缩空气而使开凿隧道的工程进度大大提高的报道时，他就联想到改变蒸汽制动为压缩空气制动也应该是可行的。回去后他就设计了一个以压缩空气为动力的制动系统。司机一踩刹车，压缩空气即推动闸瓦抱住车轮，达到制动的目的，解决了火车制动的难题。

（四）放大或缩小

将这件物品按比例放大、缩小会产生什么结果？单向放大、缩小又会怎样？长途货运时，小包装箱很不方便，人们将其放大成了现在的集装箱运输，大大提高了效率；将普通台灯的灯头与底座之间的距离放大，就成了落地台灯。

将热水瓶缩小成保温瓶，既保温又方便携带；为方便旅行，人们用的牙膏、香皂等都进行了缩小。

> **思维火花**
>
> 　　汽车出现后，人们为下雨天开车时雨水会遮挡住驾驶员的视线而苦恼。为此，有人想到了将汽车前窗的雨水随时刮走的办法，设计了汽车前窗刮雨器。它是利用曲柄摇杆机构将摇杆一端延长，利用摇杆延长的部分往复摆动实现刮雨动作。

（五）复杂

　　在这件物品上可加上别的东西吗？加进一些"佐料"会怎样？

　　自行车上缺少装东西的容器，有人想到在车把前方加装一个网篮，结果很受欢迎；椅子增加了枕头的、架脚的、升降的和仰躺的机构，就变成了结构复杂的理发椅。

（六）精简

　　从这件物品上抽掉一些东西可以吗？减轻分量或复杂程度效果如何？

　　为了使鞋穿脱方便，将鞋帮予以简化，得到了拖鞋；将椅子的四条腿简化一下，设计出了可旋转的座椅。

（七）代替

　　有没有其他物品可以代替这件物品？是否有其他材料、成分、过程或方法可以代替此类材料、成分、过程或方法？

> **思维火花**
>
> 　　千百年来人们洗涤衣服都是靠手工搓，擦板擦，刷子刷。19世纪中期开始，人们利用机械模仿人工洗涤的动作，即通过翻滚、摩擦、水的冲刷，设计出了代替人的拖动式洗衣机。后来人们将它改为搅拌式得到了洗涤效果较好的洗衣机，其结构是在洗衣筒中心装上——竖直的立轴，在其轴上部靠近筒底处安置摆动翼，由传动机构带动，使它周期性地正反向转动，使水流和皂液能与衣服不断相互摩擦、碰撞、翻搅，达到洗涤目的。
>
> 　　近年来，洗衣机种类越来越多，除了单缸、双缸、全自动洗衣机外，又设计出了真空、烘干、电磁、模糊逻辑洗衣机等，功能越来越强大，性能也越来越好。

（八）颠倒

　　正反互换会怎样？反过来又会怎样？能否反转？

　　汽车能倒行，为啥自行车不行？于是有人设计了有两个飞轮的、行驶中既能前进又能倒退的自行车。

　　除尘器开始是利用吹尘的方法，飞扬的尘土令人窒息。英国人赫伯布斯运用逆向思维，吹尘不好，吸尘如何？他用捂着手绢的嘴试着吸尘土，结果成功了，他继而发明出带有灰尘过滤装置的负压吸尘器。

　　可逆式折叠椅的椅面和靠背正反面分别做成硬的和软的两面，可以翻转，热天坐硬面，冬天坐软面。

> **思维火花**
> 20世纪40年代发明的圆珠笔,因圆珠磨损漏油而难以推广应用。最初人们总是设法减少磨损,试验用各种不同材料提高耐磨性,甚至使用宝石制作笔珠,但问题总是没有很好地解决,后来日本人中田藤三郎将思维方式颠倒过来,不是设法减少磨损,而是控制笔杆的装油量,在圆珠未磨损之前,油已用完,巧妙地解决了问题。

(九)重组

交换一下零件位置会怎样?变动序列、改换因果关系、改变速率应提供什么条件、产生何种结果?

螺旋桨飞机发明后,螺旋桨都是设计在机首,两翼从机体伸出,尾部安装着稳定翼。美国著名飞机设计专家卡里格·卡图按照空气的浮力和气动原理,对螺旋桨飞机进行重组,将螺旋桨改放在机尾,仿如轮船一样推动飞机前进,而稳定翼则放在机头处,设计出世界上第一架头尾倒换的飞机。重组后的飞机,具有尖端悬浮系统,具有更加合理化的流线型机体形状,不仅提高了飞行速度,而且排除了失速和旋冲的可能性,增强了安全性。那么,如果把螺旋桨装在飞机上面会怎么样?对了,直升机就是这样诞生的。

> **思维火花**
> 1608年,在荷兰一个小城镇的眼镜铺里,18岁的学徒利珀希坐在店铺门口,好奇地摆弄着他刚刚磨好的几块透镜。凸透镜能将物体放大,而凹透镜将物体缩小,使他感到非常有趣。无意之中,他把两个镜片一前一后向远处看去,这一看,他惊讶地看到远处教堂的塔尖又大又近,好像伸手就能抓到。后来,他用纸板作了个圆筒,代替双手,把镜片装在纸筒的两头,世界上第一个"千里眼"——望远镜就这样诞生了。

第三节 列举型创新方法

列举型创新方法中,以属性列举法最为典型。此外,常用的引申方法还包括缺点列举法、希望点列举法、成对列举法和综合列举法等。本书重点介绍以下几种方法。

一、属性列举法

(一)属性列举法概述

属性列举法又称特征列举法、分布变化法,是根据对象的特殊属性,通过在每一类属性中加入特定的指标,探索有利于创造发明的创新技术。特征列举方式适用于老产品升级。它的功能是列出产品的特性,创建一个表格,然后列出项目以增强这些特性。

属性列举法是美国克劳福德(R. Crawford)教授总结出来的创新技术。这种方法强调用户在创建过程中观察和分析问题或问题的特性或特征,然后针对每一个特征提出改进或改变的建议。属性列举法不同于其他的创新方法,属性列举法要对需创新和改革的项目进行深入观察和分析。

属性列举法必须尽可能地列出一个对象的各种属性或特性,然后针对每个属性或特性确定实现方向和方法。一些实践表明,要解决的问题越小、越简单、越直观,就越容易成功地使用属性列举法。属性编号将决策系统划分为子系统(即将决策问题分解为局部子问题),并将它们的属性一一列出。将这些特征分解为概念边界、变化规律等,研究这些特征是否可以改变,以及改变后对决策的影响,研究决策问题的解决方案。这种方法的优点是它保证了对问题各个方面的全面研究。

> 典型案例

用特性列举法进行电风扇创新设计

1. 分析现有的电风扇。观察待改进的电风扇,搞清其基本组成、工作原理、性能及外观特点等问题。
2. 对电风扇进行特性列举整体。
   落地式电风扇。
   部件:电机、扇叶、网罩、立柱、底座、控制器。
   材料:钢、铝合金、铸铁。
   制造方法:铸造、机加工、手工装配。
   性能:风量、转速、转角范围。
   外观:圆形网罩、圆形截面立柱、圆形底座。
   颜色:浅蓝、米黄、象牙白等。
   功能:扇风、调速、摇头、升降。
3. 提出改进新设计。
   (1) 针对名词特性思考。
   ①扇叶能否再增加一个?即换用两头有轴的电动机。前后轴上装相同的两个扇叶,组成"双叶电风扇"。再使电动机座能旋转180°,从而使送风面达360°。
   ②扇叶的材料是否改变?比如用檀香木制成扇叶,再在特配的中药水中加压浸泡,制成含保健元素的"保健风扇"。
   ③调节风速大小和转速高低的控制按钮能否改进?改成遥控式可不可以?能不能加上微电脑,使电风扇智能化?若能这样,"遥控风扇""智能风扇"便脱颖而出。
   (2) 针对形容词特性思考。
   ①能否将有级调速改为无级调速?
   ②网罩的外形是否多样化?克服清一色的圆形有无可能?能否做成椭圆形、方形、菱形、动物造型?
   ③电风扇的外表涂色能否多样化?将单色变彩色,让其有个性化特点,可能更吸引消费者。如果能采用变色材料,开发一种"迷幻式电风扇",也给人一种新的感受。
   (3) 针对动词特性思考。
   ①使电风扇具有驱赶蚊子的功能。

②冷热两用扇，夏扇出凉风，冬扇出热风。
③消毒电风扇，能定时喷洒空气净化剂，消除空气中的有害病毒，尤其适合大众流通场合及医院病房。
④理疗风扇，能保健按摩，具有理疗功能。

（资料来源：https://www.docin.com/p-2404520822.html）

讨论： 分析以上案例，讨论如何应用属性列举法对风扇进行更多创新设计？

（二）属性列举法操作步骤

第一步，明确研究对象和目的。列出修改对象的所有特征或属性，如将自行车拆解成零件，列出各零件的功能、特点及与整体的关系，并做成清单。如果对象过于复杂，应先勾勒对象，选择目标明确的题目，逐一突破。

第二步，了解研究对象的现状，熟悉其基本结构、工作原理和应用机会，运用分析、分解、分类的方法，对研究对象进行一些必要的结构分解。列出四个主要领域的特征。

（1）名词属性，主要指事物的结构、材料、整体等。
（2）形容词属性，如视觉（色泽、大小、形状）。
（3）动词属性，主要指事物的功能方面的特性。
（4）量词属性，如数量、使用寿命、保质期等项目。

第三步，从需求出发，对列出的属性进行分析、抽象，并与其他项目进行比较，通过提问引出创新思路，用替代方法对原有属性进行改造。

第四步，应用综合法综合原有属性和新属性，寻找功能和属性的替代和改进方案，提出新的思路。在使用属性列举法的时候，对事物属性分析得越详细越好。应提出并论证程序，使产品能够满足人们的需求和目标。

▶ 典型案例

圆珠笔的特性列举

运用特性列举法对圆珠笔进行特性分析，可提出许多改进设想。

1. 名词特性。

（1）部件：笔杆、笔帽、笔夹、笔芯、笔珠、弹簧等。

改进设想：笔杆中能否放置一小卷备用纸？能否将油墨直接按入笔杆中？笔帽是否可以取消？笔夹是否能设计成内嵌式？笔芯是否加粗？笔芯能否重复使用？笔珠能否用其他耐磨材料取代？弹簧非要不可吗？

（2）材料：塑料、金属、竹木、油墨等。

改进设想：能否采用其他材料？能否制造一种永不褪色的油墨？能否制造一种可擦的油墨？能否制造一种定时褪色的油墨？

（3）制造方法：注塑、冲压、装配等。

改进设想：能否一次性注塑而成？能否进行流水线作业？能否用机器人装配？能否将生产过程全部自动化？

2. 形容词特性。

(1) 形状：圆柱形。

改进设想：能否采用三棱柱形、头圆尾扁形、鹅毛形、尖刀形、汤匙形？笔杆能否按手指压痕塑造？能否采用动物或植物造型？

(2) 颜色：白、红、蓝、绿、黑、紫等。

改进设想：能否采用一些淡雅颜色来保护视力？能否在笔上设置一些变幻图案，以吸引消费者？

(3) 状态：固定式、活动式、单色笔、双色笔等。

改进设想：能否设计一种可自由弯曲的笔？能否设计一种可折叠的多色笔？

3. 动词特性。

(1) 功能：书写、复写、绘图等。

改进设想：可否制成带磁性按摩器的笔？可否制成带指南针的笔？可否制成带放大镜的笔？可否制成带发光装置的笔？可否制成带计算器的笔？可否制成带反光镜的牙科笔？可否制成涂胶水的笔？

(2) 作用：文具。

改进设想：能否拓展为工艺精品笔？能否拓展为生肖纪念笔？能否拓展为情侣对笔？如果将上述的设想进行认真整理，就可筛选出一些创新课题。

(资料来源：https://www.docin.com/p-2404520822.html)

讨论：你能从以上案例中找出圆珠笔的更多创新设计方案吗？

二、缺点列举法

(一) 缺点列举法概述

缺点列举法，顾名思义，就是对缺点进行优先排序，将发现的众多缺点——列出，然后根据事物的缺点讨论改进方案，做出决定，使做出来的新事物缺点更少。这种方法是日本鬼冢喜八郎提出的一种决策方案。

当前，各行各业都在快速发展，新事物、新项目层出不穷。在这样的大环境下，统计缺点的方法就显得非常重要了。因此，在使用缺点列举法时，需要注意多方面查找缺陷，而不是只查找某一部分，如功能、用户评价、周围环境等因素。

> 典型案例

奶粉的缺点列举讨论会

某奶粉厂为增加企业竞争力和扩大生产品种，在内部职工里召开了一次奶粉缺点列举会讨论。会上职工们对本厂的奶粉列出下列主要缺点：

(1) 喝了牛奶，肚子会发胀，不易消化；

(2) 牛奶的营养成分不够全面；

(3) 口味单调，味太重，喝了后容易倒胃口；

(4) 牛奶热量偏高，喝了易发胖；

(5) 对婴儿来说，牛奶还不能完全取代母乳。

会后，厂长召集有关专业技术人员及科研单位的专家共同分析原因和探讨克服上述缺点的办法，主要对策如下：

(1) 某些人因肠道缺乏一种酶，不易消化牛奶，只要在奶粉中添加少量的乳糖酶，就可生产出易消化型的奶粉。

(2) 强化牛奶成分和营养量，适当添加一些动物蛋白或植物蛋白，就可生产出鸡蛋牛奶、黄豆牛奶等新产品。

(3) 如果在奶粉中添加些果汁粉、蔬菜粉、可可粉等味素，就可改变牛奶的口味。

(4) 为解决牛奶热量偏高的问题，可用技术手段生产出脱脂奶粉、低胆固醇奶粉等。

由于母乳中的成分较多，还有一些机理尚未揭示，所以用牛奶取代母乳需要有一个较长的过程。不过，这项缺点正是今后研究的重点课题。

(资料来源：https://wenku.baidu.com/view/a96d1c35ff4ffe4733687e21af45b307e871f960.html?_wkts_=1684056771734)

讨论：通过以上案例，讨论如何应用缺点列举法解决问题？

(二) 缺点列举法操作步骤

缺点列举法是一种常见的分析方法，用于识别某个事物或观点存在的缺陷和不足之处。以下是使用缺点列举法的操作步骤：

(1) 了解分析对象：

首先需要对分析对象有清楚的了解，比如产品、服务、政策或某个观点等。

(2) 确定分析标准：

在进行缺点列举前，需要确定评价标准，这样才能更加客观地发现其缺陷和不足之处。

(3) 列举缺点：

根据分析标准，列举可能存在的缺点和不足之处。可以通过调查、研究或经验来获得相关信息。

(4) 分类整理：

将列举出来的缺点分成几类，以便更好地进行分析和讨论。

(5) 总结归纳：

对列举出来的每个缺点进行总结和归纳，提炼核心问题和关键因素。

(6) 提出改进建议：

针对列举出来的缺点和不足之处，提出可行的建议，以帮助改善分析对象并提升其品质或效率。

需要注意的是，在进行缺点列举时，应该尽可能客观中肯，充分考虑各种情况和可能性，避免主观、片面看待问题。同时，应该尝试提出解决问题的建议和措施，以便更好地推动改进和提升。

凡事不可能十全十美，或多或少都有缺点，所谓"金无足赤，人无完人"。列举现有器具和物品的缺点，然后根据缺点提出改革思路，是一种有效而简单的创作方法。

三、希望点列举法

（一）希望点列举法概述

爱因斯坦说："想象力比知识更重要，因为知识是有限的，而想象力包容世界万物，推动进步，是知识的源泉。"达·芬奇是15世纪的意大利人。他曾经希望人们能够借助自己的力量飞上天空，于是，他设计了一架人力飞机，由人类驾驶，手脚并用，使羽翼飞机的翅膀像鸟儿一样拍打飞翔。虽然画中的设计没有奏效，但用人力实现飞行的愿望，经过数百年的努力，终于成功了。今天的人力飞机不仅能飞，还能飞越英吉利海峡。

希望点列举法是由内布拉斯加大学的罗伯特·克劳福德发现的。希望点可以是人们的想象，也可以是某种创新；列举法是指通过计算新事物的希望属性来寻找新发现对象的方法。而列举希望就是仔细观察和充分调查，基本上就是从生活、学习、工作的需要出发，根据自己或他人的期望，说出自己"希望"的东西，然后利用自己所学的知识和他人的经验，提出切实可行的解决方案。

根据是否有明确固定的创建对象，我们可以将希望点列举法分为两类：

（1）目标固定型。目标是通过计算希望分，对确定的创作对象形成改进创新方案。

（2）目标离散型。也就是说，从一开始就没有固定的创作目标和对象。通过勾勒全社会、各行各业、各层级人民在不同时间、不同地点、不同条件下的希望，找到创新支点，塑造创意价值，创造话题。它注重自由联想，非常适合大规模的创造和发现活动。

> **典型案例**
>
> **罐头的发明**
>
> 1812年底，拿破仑对沙皇俄国发动了一场大规模的侵略战争。他亲自率领60多万大军，一路捷报频传，不久便占领了莫斯科。此时，莫斯科已是一座空城，法军所带的食物大部分已腐烂变质，许多士兵吃了变质食物患了疟疾，夏季的蚊虫又加剧了疾病的传播。面对饥饿和疾病的威胁，拿破仑只好下令撤军回国，不料途中又遭到俄军的伏击，法军遭受重创。拿破仑回国后马上向全国发布了一道奖赏令："谁能使食品长期贮存而不变质，可得到巨额奖金。"11年后，居住在马赛的食品制造商尼可拉·阿培尔得到了这份奖赏。他先是创造了"加热杀菌"的方法，后来又解决了杀菌后密封的问题，即把食品放入铁罐或瓶子里后，密封住瓶口，使它不漏气。世界上第一只罐头就是在战争、疾病、失败、奖赏的外部条件下形成的。
>
> 罐头的发明中，拿破仑发布的奖赏令激发和收集人们的希望，尼可拉·阿培尔仔细研究人们的希望，以形成"希望点"，即使食品长期贮存而不变质，最后尼可拉·阿培尔创造了"加热杀菌"的方法，又解决了杀菌后密封的问题，发明出罐头。
>
> （资料来源：https：//wenku.baidu.com/view/c93e69ca85c24028915f804d2b160b4e777f81fd.html?_wkts_=1684057038935）
>
> **讨论**：分析一下上案例，讨论如何应用希望点列举法。

（二）希望点列举法操作步骤

希望点列举法主要有四个步骤，包括：

第一步：激发和收集人们的希望，并且提出希望点。冷静思考，列举个人希望，收集他人对本产品或本规章制度的希望等。希望一般来自两个方面：或是事物本身存在不足，希望改进；或是人们的需求变更，有新的要求。搜集希望点的常用方法有：

（1）书面搜集法。按事先拟定的目标，设计一种卡片，发动用户和本单位的员工，请他们提供各种想法。

（2）会议法。召开5~10人的小型会议（1~2小时），由主持人就新项目或新产品开发征集意见，激励与会者开动脑筋，互相启发，畅所欲言。

（3）访问谈话法。派人直接走访用户或商店等，倾听各类希望性的建议与设想。

将通过上述三种方法所得到的希望进行研究，形成"希望点"。

第二步：分析希望点。将这些希望罗列整理出来，按不同属性、不同目的分门别类，以表格的形式表现出来，让这些希望一目了然。然后多画一列表格，写下自己因这些希望而激发的新思想与疑问，并将这些新思想与疑问与周围人进行交流，从中得到启发。

第三步：鉴别希望点。观察该希望点是否为创造性强且科学可行的希望点。

第四步：对可行性希望进行具体研究，并制订方案、实施创造。以"希望点"为依据创造新产品，以满足人们的希望。再将这些希望点筛选归类，合并同类项，从中选出可行性高、科学性强的希望点进行思考与延伸。

▶ 典型案例

伸缩钢笔的发明

有一家制笔公司用希望点列举法产生了一系列改革钢笔的希望：希望钢笔出水顺利；希望绝对不漏水；希望一支笔可以写出两种以上的颜色；希望书写后不弄脏纸面；希望书写流利；希望能粗能细；希望小型化；希望笔尖不开裂；希望不用吸墨水；希望省去笔套；希望落地时不损坏笔尖；等等。这家制笔公司从中选出"希望省去笔套"这一条，研制出一种像圆珠笔一样可以伸缩的钢笔，从而省去了笔套。

创造者从社会需要愿望出发，通过列举希望点而形成创新目标或课题的创新技法叫希望点列举法。简单地讲，就是通过提出来的种种希望，经过归纳，确定发明目标的创造技法。

（资料来源：https：//wenku.baidu.com/view/c93e69ca85c24028915f804d2b160b4e777f81fd.html?_wkts_=1684057038935）

讨论：分析一下上案例，讨论如何应用希望点列举法。

▶▶▶ 四、综合列举法 ▶▶▶

（一）综合列举法概述

属性列举法、缺点列举法和希望点列举法都只偏重于某一方面来展开创造性思维，因而在一定程度上也给创造带来一定的束缚。每一种列举法都有其独特的长处，我们不仅要找到物品创新的希望点和缺点，还需要去尝试实行更新的创新思维方法，从而得到更适合人类生活方式的发明创造物。

从根本上讲，创造应该是没有任何限制的，因此，我们在发散创造性思维的时候，可以综合运用上述方法，这就是综合列举法。

综合列举法是针对所确定的研究对象，从属性、缺点、希望点或其他任意创造思路出发列举尽可能多的思路方向，对每一思路方向开展充分的发散思维，最后进行分析筛选，寻找最佳的创新思路的创造技法。对研究对象应用属性列举法进行分析和分解，列举各项属性；运用缺点列举法和希望点列举法逐项对属性进行分析；综合缺点与希望点，对事物原特征进行替换，综合事物的新老特征，提出创造性设想。

因此，创新思维中的综合列举法是最实用且具有创新意义的，我们在生活中应该多加运用，不断综合各种列举法的优点，进行创造性思维，并以此进行创新行为。

思维火花

问题：怎样改进新型智能手环？

解决方法：综合列举法

1. 属性列举

从它的结构特性上来看，包括液晶显示屏、表环及集成电路电池板；从材质特性上来看，属于塑料材质、金属硅芯片、锂电池、玻璃；从外观特性上来看，环状、圆滑、不耐磨；从它的功能特性上来看，具有导航、运动时的脉搏血压等记录、听音乐、上网分析动态等功能。

2. 缺点列举

从它的结构属性上来看，液晶的显示屏小，且电池不耐用，还伴有内存过小、CPU易发热的问题；从材质特性上来看，玻璃材质易碎，塑料材质不耐磨，以及金属加重重量的问题；从外观上来看，外观不够时尚，且样式单调不方便；在功能特性上具有人体测量不准确、定位不准确、音乐质量差、上网速度慢的缺陷。

3. 希望点列举

从它的结构特性上来看，希望增大其液晶显示屏，增大电池容量，处理好散热问题，增大内存；从材料的特性上来看，希望多使用合成材料，减轻其重量，增加耐磨和防滑材料的使用；在其外观特性上，希望造型更多样，设计多种外观和大小，便于其操作和使用；功能特性上，希望人体测量能更加准确，在改善其硬件，进而给广大的用户带来更好的上网和音乐体验。

4. 综合列举方案

运动智能手环、音乐智能手环、减肥智能手环、购物智能手环、多卡合一智能手环。

（二）综合列举法操作步骤

1. 确定研究对象

在进行研究前，我们要确定进行分析的对象，根据它的各种特性去运用综合列举法展开分析。

2. 对研究对象应用属性列举法进行分析和分解，列举各项属性

（1）列举属性：列举出研究对象的各项属性，包括外在的、可观察的和内在的、难以直接观察的。例如，对于一个产品，可以列举它的品牌、价格、功能、设计、材料、原产地、售后服务、销售渠道等属性。

（2）分析属性：对于每一个列举出的属性，需要进行深入的分析和解释，包括其作用、价值、优缺点、影响因素等等。例如，对于一个产品的品牌属性，需要分析它对消费者购买行为的影响、对公司品牌形象的贡献等。

（3）分解属性：对于某些复杂的、包含多个子属性的属性，需要进一步进行分解，以便更好地理解和研究。例如，对于一个产品的设计属性，可以进一步分解为外观设计、功能设计、用户体验设计等子属性进行研究。

总之，属性列举法可以帮助研究者全面了解和认识研究对象，为其后续的研究分析奠定基础。这是综合列举法的第二步。

3. 运用缺点列举法和希望点列举法的方法对逐项属性进行分析

缺点列举法是通过发现、挖掘事物的缺陷，把它的具体缺点一一列举出来，然后针对这些缺点，设想改革方案进行发明创造。针对某一事物（事例）求优需求的特性，列举其发展或者现有的缺点（列举的方法可采用用户意见法、开会列举法、对比分析法等）以形成课题，针对此课题对本事物进行改进或者逆用，从而产生新的方案，以达成应用缺点列举法对该事物属性进行分析的目的。

希望点列举法是发明者依据人们提出的种种希望进行归纳，沿着所提出的希望达到的目的，进行创造发明的方法。针对社会对该事物的需求进行希望点列举（列举方法有观察联想法、开会列举法、征求意见、抽样调查等），从而对其进行评价以便后期对该事物的开发设计，以达成运用希望点列举法对该事物属性进行分析的目的。

综合缺点与希望点对事物原特征进行替换，综合事物的新老特征，提出创造性设想。缺点列举法是找出现有事物的各种缺点并把它们一一列举出来，再针对这缺点提出解决方案和改善对策的创新方法。而希望列举法是一种不断地提出希望，进而探求解决问题和改善对策的技法。此法是通过提出对该问题的事物的希望或理想，使问题和事物的本来目的聚合成焦点来加以考虑的技法。

思维火花

问题：如何改进相机？
解决方式：综合列举法
1. 分析属性
从部件上来看，有镜头、快门、机身、卷片器；从功能上来看，具有望远拍摄、留下记录、拍摄风景等功能；从外表上来看，为圆的、重的、黑色的、金属的、耐压的；从材质上来看，有塑料和铝合金、树脂镜片和光学玻璃镜片等。

2. 分析缺点

从部件上来看，镜头太小，快门太吵，机身太单薄，体重太大；从出片效果上来看，颜色单一，装底片失败，远拍模糊，调焦慢，并且相机没有提供较高的 ISO 的选项，又或者在高的 ISO 时噪点相对较高画质粗糙。

3. 分析改进点

从部件上将镜头加大、配备轻质材料（例如轻金属）以求其轻量化，并且做到一次性装两卷底片等；从功能上配备电子感应，并且将快门声音不断降小直至静音，将画质进行调整；从外表上将相机外表进行简化，并且做得小巧轻便，方便携带。

4. 综合列举方案

数码超薄相机、单反相机、微型单反相机、潜水拍摄像机等。

综合运用缺点与希望点，可以更加全面地了解事物的原特征，发散我们的思维，形成多方联想，更加有利于我们提出创造性设想。

第四节　类比型创新方法

类比型创新方法中，以综摄法最为典型。此外，常用的引申方法还包括原型启发法、移植法和仿生法等。本书重点介绍以下几种方法。

▶▶▶ 一、综摄法 ▶▶▶

（一）综摄法概述

综摄法又称类比思考法、类比创新法、提喻法、比拟法、分合法、集思法、强行结合法、科学创造法，是一种常用的研究方法。

综摄法的基本原理是综合运用一系列不同的研究方法和研究技术，以达到更复杂、更深入的研究效果。综摄法的核心是针对不同的研究和调查方法，将研究对象分成多个方面，然后将它们组合起来，达到"一分为多，多分为一"的效果，从而形成一个完整的研究结果。

> **典型案例**

无声捕鼠器的发明

老鼠肆虐时期，为了抓住这些可恶的、可能携带病菌的老鼠，人们便发明了捕鼠器这一捉老鼠神器。但是由于旧式捕鼠夹的响声很大，所以老鼠在听到响声后就不敢再靠近捕鼠夹了，其捕捉老鼠的功能便大打折扣了。因此需要发明一种无声的捕鼠器。那么我们就以发明无声捕鼠器为例，研究一下综摄法的应用。在准备阶段，我们先明确我们的目的，即发明无声捕鼠器。然后我们分析问题，既然要发明无声捕鼠器，那么我们就要从生物界入手，从生物界中寻找灵感。我们要思考生物能无声捕猎的原理是什么？比如：壁虎靠变色来伪装捕食，青蛙靠舌头来捕猎，蝙蝠靠声波系统在黑暗中猎食，蜘蛛靠蛛网来粘住猎物，毛毡苔靠分泌有香味和甜味的黏液来猎食。因此我们要灵活运用。之后我们就要来解决掉这个问题。通过以上类比，可以发现，利用以上这些生物的捕猎原理可以发明无声捕鼠器。在此之后就是灵活的应用阶段。如可以设计入口处有倒刺、老鼠只能进不能出的捕鼠器，设计用香味引诱老鼠并将老鼠粘住的捕鼠器等，这些都是新思考。在找到解决方法之后就需要进行更精细的改进，即在什么情况下老鼠能看不到捕鼠器呢。联想到超声波可以穿透不透明的物体，广泛应用于清洗、消毒、探测等许多领域，那么，能不能将超声波运用到捕鼠器上呢？通过以上类比，就可以设计一种有香味的超声波捕鼠器。由此，一个成功的无声捕鼠器就成功问世，就可大大解决老鼠肆虐的问题。

（资料来源：https://wenku.baidu.com/view/e613eb5902f69e3143323968011ca300a6c3f66d.html?_wkts_=1684057776719）

讨论：从以上案例中选取1个，讨论如何应用综摄法？

这种方法的优点是对研究对象分多个方面进行研究，可以充分利用各种研究方法和研究技术的优点，弥补其他方法和技术的缺点，取得更好、更多、更准确全面的研究结果，提高研究的信度和效度。

思维火花

刚开始的蒸汽机对煤的大量浪费是机器的严重缺点，特别是用于别的地方时成本就太高，因此迫切需要提高蒸汽机的效率。而瓦特在1765年的一个星期日外出散心的时候突然想到解决办法。他的想法是，纽科门蒸汽机的主要缺陷在于每一冲程都要用冷水将气缸冷却一次，从而耗了大量热量，使绝大部分蒸汽没有被有效利用。如果把蒸汽压至气缸外面的另一个容器中去冷却，那么就避免了把气缸一会儿加热一会儿冷却的现象，对燃煤的节约自然十分可观。瓦特自筹资金租了间地下室，买了必要的设备，反复实验，经历了无数次挫折和失败，在工人的帮助下，终于发明了与气缸分离的冷凝器，解决了制造精密气缸、活塞的工艺问题，同时采用油润滑活塞、气缸外附加绝热层等措施、制成单动作蒸汽机。后经继续试验，又在1782年发明了具有连杆、飞轮和离心调速器的双动作蒸汽机，制成了新的可用的蒸汽机。这种双动作式蒸汽机把阀门安装得可利用蒸汽的压力来推动活塞向前或向后，并借助连杆和飞轮把活塞的直线运动变成了圆周运动。

（二）综摄法操作步骤

综摄法具体的操作步骤包括准备阶段和实施阶段。

在准备阶段，先确定会议室和开会时间，再确定参会人员。大约有10个人参加。参与者可以是不同领域的研究人员，但必须是专家。否则，专业知识不统一，容易造成分歧和混乱。最后，领导者进行指导。领导者应该掌握使用这种方法的所有常识和细节。比如两大思维原则，即异质同化和同质异化。一般采用三种方法来实现这两个比较原则：拟人类比、直接类比和符号类比。又如四种模拟技术、实施要点等。

在实施阶段，首先，主持人向参会者介绍方法的总体概念、实施大纲、四种模拟技术和两种主要思维方式；然后，主持人提出一个与主题更相关的研究主题，并给出材料，带领参与者讨论。当讨论涉及问题解决时，主持人明确提出并要求参与者根据两个原则和四种模拟方法积极思考可解决问题的方法，最后整理综合选项，找到最佳选项。综摄法的基本原理包括化未知为已知和化已知为未知。提醒一句：在模拟过程中保持专注。

综摄法的精髓是通过识别事物之间的异同从而捕捉富有启发性的新思路，并通过其富有启发性的新思路产生可行的创造性设想，得出解决问题的具体实施方案，而且要确定贯彻综摄法的两大原则。

二、原型启发法

（一）原型启发法概述

原型启发法最初是一个心理学概念。以实例为灵感，寻找解决问题的方式或方法，称为原型灵感，受启发解决问题的事物称为原型。

原型启发法是一种创造性思维。生活中接触到的一切事物的品质和特点，都能在每个人的脑海中形成一个"原型"。在解决问题的过程中，问题解决者部分地受到"原型"的启发，结合当前问题中的相关知识，创造性地找到解决问题的方案。

原型启发法是一种重要的创意构思方法，许多成功的作品或多或少都受到各种"原型"的启发。原型灵感有两种形式：一种是灵感，另一种是类比。原型灵感内容非常丰富，不限于一种。可以从丰富的经验证据中区分出几种类型的启发式方法。这种思维方式很常见。例如：人们通过研究鸟类翅膀的结构来设计飞机机翼；雷达是通过欺骗性地模仿超声波的位置而创建的；人们在分析了狗鼻子的结构后发明了比狗的鼻子更敏感的电子嗅觉器官。

> **典型案例**

锯子的发明

鲁班家世世代代都是工匠，因此他从小就学会了多种手艺，例如盖房子、造桥、制造机器等。

相传有一年，鲁班接受了一项建一座巨大宫殿的任务。这座宫殿需要很多木料，鲁班就让徒弟们上山砍伐树木。由于当时还没有锯子，他的徒弟们只好用斧头砍伐，但这样做效率非常低，工匠们每天起早贪黑去干活累得筋疲力尽，也砍伐不了多少树木，远远不能满足工程的需要，使工程进度一拖再拖，眼看着工程期限越来越近，这可急坏了鲁班。为此，他决定亲自上山察看砍伐树木的情况。上山的时候，他不小心抓了一把山上长的一种野草，将手划破了。鲁班很奇怪，一根小草为什么这样锋利？于是他摘下了一片叶子来细心观察，发现叶子两边长着许多小细齿，用手轻轻一摸，这些小细齿非常锋利，因此他明白了，他的手就是被这些小细齿划破的。

后来，鲁班又看到一条大蝗虫在一株草上啃吃叶子，很快就吃下一大片。这同样引起了鲁班的好奇心，他抓住一只蝗虫，仔细观察蝗虫牙齿的结构，发现蝗虫的两颗大板牙上同样排列着许多小细齿，蝗虫正是靠这些小细齿来咬断草叶的。这两件事给鲁班留下了极其深刻的印象，也使他受到很大启发。他陷入了深深的思考，他想，如果把砍伐木头的工具做成锯齿状，不是同样会很锋利吗，砍伐树木也就容易多了。于是他就用大毛竹做成一条带有许多小锯齿的竹片，然后到小树上去做试验结果果然不错，几下子就把树皮拉破了，再用力拉几下，小树的树干就被划出一道深沟，鲁班非常高兴。但是由于竹片比较软，强度比较差，不能长久使用，拉了一会儿，小锯齿就有的断了，有的变钝了，需要更换竹片。这样就影响了砍伐树木的速度，使用竹片太多也是一个很大的浪费。看来竹片不宜作为制作锯齿的材料，应该寻找一种强度、硬度都比较高的材料来代替，这时鲁班想到了铁片，于是他们立即下山，请铁匠们帮助制作带有小锯齿的铁片，然后到山上继续进行实验。鲁班和徒弟各拉一端，在一棵树上拉了起来，只见他俩一来一往，不一会儿就把树锯断了，又快又省力，锯子就这样发明了。

（资料来源：https://wenda.so.com/q/1364838091062636）

讨论：鲁班是如何运用原型启发法发明锯子的？

（二）原型启发法操作步骤

有人把"原型启发"称作模仿思维法，但简单生硬地照搬是不行的，还要有创新。举个例子吧：我们在下雨天，最讨厌雨水顺着雨衣流进鞋里。北京一个四年级小学生发明了一种充气雨衣，雨衣下面是一个气圈，充气后雨衣张开，雨水便不会灌进鞋子了。他的充气雨衣的构想，便是从芭蕾舞旋转长裙和游泳圈这两个原型得来的。由于具有启发作用的原型与所要解决的问题之间有着相似之处，加上创造思维活动，便形成新的构想方案。这样的例子在科学发展史上屡见不鲜。

具体可以从以下几个方面得到启发。

（1）资料的启发。

美国发明家威斯汀豪斯受一本杂志的启发，发明了一种可以控制整列火车的制动装置。文章介绍，在开挖隧道时，驱动风钻的压缩空气是通过橡胶管从900米外的空压机送来的，于是气闸装置就应运而生了。

（2）技术的启发。

修补柏油马路时，往往需要将原来的柏油烤至软化，但加热或红外线灼烧只对表面有效，内部很难软化。有人认为微波炉可以快速加热食物内部，于是将这项技术应用到筑路机械上，取得了很好的效果。

（3）生物的启发。

"维格罗"是一种不生锈、轻便、可水洗的尼龙搭扣，可广泛应用于服装、窗帘、椅套、医疗器械、飞机和汽车上，也被宇航员用来将食品袋"挂"在墙上。激发这一奇妙创作灵感的原型是：1948年的一天，瑞士发明家布里乔治·德·梅斯特拉尔（George de Mestral）带着他的猎狗打猎，回家后发现他的裤子和狗身上都粘满了刺苍耳。

（4）常识的启发。

结症是马、骡身上常得的一种病，主要是指粪便阻塞在肠管内不能移动。这种病一旦发作，其死亡率就很大。后来，兽医根据一个简单的常识：鸡蛋很难打破，但很容易打碎。想出一种独特的"冲击术"，这解决了一大难题——将一只手深入肠道握住结粪，另一只手瞄准腹腔外突然一击，将结粪打散。多年来，兽医用这种方法治疗了多匹病马，没有一匹马死去。

(5) 生活的启发。

美国工程师杜里埃认为,要保证内燃机高效运转,汽油和空气必须混合均匀。如何搭配,却无从谈起。1891年的一天,他看到妻子在喷香水,灵机一动,为发动机制造了化油器。

(6) 原理的启发。

有人研究了西瓜皮能使人滑行的原理,发现是踩在西瓜皮上减少摩擦力所致,从而阐明冰鞋只能在冰上滑行却不能在路上滑行的原因。

三、移植法

(一) 移植法概述

移植法是将一个技术领域的某物或某种技术方法、方法嫁接应用到另一个技术领域,从而产生新发明的方法。常用的移植方法有材料移植法、部件移植法、结构移植法、原理移植法和方法移植法。

(1) 材料移植法。

所谓材料移植法,就是把某种产品正在使用的材料移植到别的产品上去,从而改变别的产品的性能,省时、省料,更新产品的方法。

(2) 部件移植法。

所谓部件移植法,就是把某一个产品的部件移植到另一个产品上去,从而得到更新性能、更新产品的方法。

(3) 结构移植法。

所谓结构移植法,就是把一个物品,包括动物、植物的良好形状结构或内部结构移植于创造发明中,从而获得结构合理、方便应用、能解决实际问题的新产品的方法。

(4) 原理移植法。

所谓原理移植法,就是把一些科学原理移植到创造发明的实践中,从而发明出不同功能、不同用途的新产品的方法。

(5) 方法移植法。

所谓方法移植法,就是把一个领域解决问题的方法移植到另一个领域去解决另一些问题,从而发明出另一些新产品的方法。

移植法的原理是各种理论和技术相互之间的转移,一般是把已成熟的成果转移、应用到新的领域,用来解决新的问题,因此,它是现有成果在新情境下的延伸、拓展和再创造。

思维火花

磁悬浮云朵躺椅:磁悬浮云朵躺椅采用了磁悬浮的原理和云朵造型,创造出可以悬浮在空中的躺椅,看起来就像真的云朵飘在空中一样,极富创意和装饰美感。

磁力救生圈:磁力救生圈利用磁力的原理使之可以相互吸引,在遇到海难时把众多遇难人群聚集在一起,提高沉船救援的效率,同时,当众多遇难者们聚在一起时,还可以互相鼓舞士气,增大人们的生还概率。

电子猫眼:利用摄像头拍摄的方法将户外景象拍摄下来,并将其呈现在室内显示屏上,可以更好地判断户外状况。

（二）移植法操作步骤

1. 思维方式

使用创新的移植技术时，通常有两种思维方式：

（1）成果推广移植。

成果推移植是将已有的科技成果移植到其他领域，关键是在厘清现有成果的原理、作用和利用范围的基础上，运用发散思维方法寻找新的载体。

（2）解决迁移问题。

从一个研究问题出发，用发散思维找到已有的结果，用移植技术解决问题。

2. 步骤

移植法的步骤有：

（1）难以通过常规方法找到理想的设计方案或解决问题的思路，或无法利用本专业领域的技术知识找到出路；

（2）在其他领域有解决同样或类似问题的方法和途径；

（3）对移植结果是否能保证系统整体的新颖性、进步性和适用性进行估计或正面判断。

3. 途径

一般情况下，移植法有两种途径：

（1）把原则和方法应用到具体的事情上。

思维方法如下：已知的原理或方法→列出这个已知原理或方法可以产生的具体功能→列出现实生活中需要这些功能的事物→为应用原则或方法提出各种假设→测试这些假设。

（2）寻找可移植的原理和方法来解决所研究的问题。

移植法是最常用的创新方法之一，是一种简单有效的方法。想用移植法来创新和发明，扩展知识是关键。不断用新知识武装自己。使用移植法，思路会豁然开朗，可能一下子就找到解决一个关键问题的方法。

四、仿生法

（一）仿生法概述

各种动物和植物伴随着我们度过了成千上万年，但人类有意识地向它们学习却是20世纪中期才开始的。人们往往在遇到难以解决的问题时就开始细心地观察动物和植物，希望能从它们身上找到答案或启示。各种生物有很多巧妙的功能和结构，人们通过观察、研究、模仿生物，从而发明创造出需要的产品，这种有意识地模仿生物进行创新发明的方法就是仿生法。主要是从生物的形态、原理，结构，形态以及行为进行模仿。

▶ **典型案例**

野猪与防毒面具

第一次世界大战期间，德军用化学毒气攻击英法联军，造成惨重的人员伤亡。为了防止受到毒气伤害。科学家们开始研究防毒设备，研究人员发现，在释放了毒气的战场上，大量野生动物也中毒丧命。但这一区域的野猪却生存了下来。

科学家发现，野猪经常用长嘴巴拱动泥土，寻觅地里植物的根茎及一些小动物。当它们嗅到强烈的刺激气味时，常用拱地来躲避。遇到德军施放的毒气时，野猪把嘴鼻拱进泥土里，松软的土壤吸附和过滤了毒气，净化的空气进入野猪的鼻子，从而使野猪逃过了毒气的毒害。

科学家从中得到启示，模仿泥土能滤毒的原理，选了既能吸附有毒物质，又能使空气畅通的木炭，很快设计制造出世界上首批仿照野猪嘴形状的防毒面具。

（资料来源：https://baijiahao.baidu.com/s?id=1567412122901906）

讨论： 仔细观察野猪的生活习性与外表特征，还可以从它身上受到启发，做出哪些更多的仿生学创新方案？

（二）仿生法分类

1. 形态仿生

模仿生物的形态，是最主要仿生方法。比如：乌贼与鱼雷诱饵。

思维火花

乌贼能释放黑色的液体，遇到危险时分泌大量黑色液体，诱导攻击者，自己逃之夭夭。

鱼雷诱饵能模拟潜水艇的航速、噪音、节拍等等，诱导鱼雷，而自己可以逃脱攻击。

2. 装饰仿生

把天然的色彩、纹理、图案直接或间接应用到产品中。比如：萤火虫和冷光。

思维火花

萤火虫依靠发光细胞中的化学反应来发光，这种反应的发光效率非常高，可达95%。而且萤火虫发出的光还很柔和，非常适合人类的眼睛。科学家分离出了荧光酶，后来人工合成了不需要电源的生物光源的荧光素，由荧光素、荧光酶、ATP（三磷酸腺苷）和水混合而成的生物光源，也就是冷光，可在充满爆炸性瓦斯的矿井中当闪光灯。

因为冷光本身无热，所以没有爆发火花的危险，在油库、炸药库、矿井等易燃易爆场所，用其作照明光源最为理想，因此被称为"安全之光"。如果将富含发光微生物的海水装入玻璃灯泡中，就制成了一种简单的"冷光灯"，或称细菌灯。早在1935年，在巴黎海洋学院召开一次国际会议时，其会议大厅安装的就是这种冷光灯。冷光的应用范围很广，它既可用于照明，又能应用于航空、航海、捕鱼和野营等方面，如飞机的照明系统发生故障，冷光灯可作为呼救信号灯，使飞机获救转危为安。

3. 结构仿生

模仿生物精致、巧妙、合理的结构，创造出的产品。

生物学家发现，蜘蛛丝的硬度相对于钢丝的五倍，英国公司合成了一直像蜘蛛丝一样的纤维，用来做防弹衣、装甲车的外壳等材料。

4. 原理仿生

按照自然物规律，找出有价值的形态与功能结构。比如：潜水艇和鱼鳔。

> **思维火花**
>
> 鱼类身体里有个鱼鳔，要上浮时，排出水装满空气。浮力大了身体就上浮。而要下沉时尽量少的装空气，浮力变小就下沉。
>
> 科学家就仿照鱼类的鱼鳔制造了潜水艇。鱼类改变浮力，而潜水艇改变重力大小来达到上浮或者下沉的目的。

（三）仿生法的具体操作步骤

1. 确定仿生目标

在实施仿生法之前，首先需要明确仿生的目标。

确定仿生目标可以帮助我们明确想要解决的问题或取得的成果。需要考虑的是要仿生的是哪个生物系统，以及想要利用仿生法解决的问题是什么。通过确定仿生目标，我们能够更好地制定实施步骤和搜集必要的信息。

2. 收集仿生对象的信息

在实施仿生法之前，需要对仿生对象进行充分的了解和搜集信息。这包括从科学文献中阅读相关研究成果、观察和研究仿生对象等。通过对仿生对象的信息搜集，能够更好地理解仿生原理和仿生对象的特性，为后续的仿生设计打下良好的基础。

3. 分析仿生对象的特性和功能

在搜集完仿生对象的信息后，需要对其进行分析，了解其特性和功能。可以通过系统性地观察和分析仿生对象的解剖结构、运动方式、生理特性等方面进行研究。

此外，还可以分析仿生对象在特定环境下的行为和适应能力。通过对仿生对象特性和功能的分析，可以从中获取有益的启示，为仿生设计提供借鉴和指导。

4. 确定仿生设计的问题与挑战

仿生设计常对原始目标或问题进行创新，因此需要确定仿生设计的问题和挑战。在确定仿生设计的问题与挑战时，需要结合仿生目标和仿生对象的特性来确定设计需求。通过明确问题和挑战，能够更有效地引导后续的设计过程。

5. 利用仿生方法进行模型设计和优化

在确定了仿生设计的问题与挑战后，可以利用仿生方法进行模型的设计和优化。仿生方法包括基于仿生对象的形态结构、机理模型和运动规律进行设计的方法。需要根据仿生目标和仿生对象的特性，结合工程实践和科学理论，进行相应的模型设计和优化。

6. 验证仿生设计方案的可行性

在完成仿生设计后，需要验证仿生设计方案的可行性。通过实验和测试，对仿生设计方案进行评估和验证，以确保设计的可行性和有效性。需要关注仿生设计方案在实际应用中的性能表现，以及是否达到预期的仿生效果。

第五节　组分型创新方法

组分型创新方法中，以形态分析法最为典型。此外，常用的引申方法还包括主体附加法、信息交合法、焦点法和分解法等。本书重点介绍形态分析法、主体附加法与信息交合法。

一、形态分析法

（一）形态分析法概述

形态分析法是瑞士天文学家弗里茨·兹威基（Fritz Zwicky）开发的一项创新技术，又称形态矩阵法、形态综合法。形态分析法是把要解决的问题分解成几个基本因素（代表问题的基本组成部分），列出每个因素的所有可能形式，然后用网络图排列组合得到一个方法并解决或发现自己在思考的问题。形态分析法广泛应用于物理科学、社会科学、技术预测、程序决策等领域，是创造性工程中应用最广泛、最有效的技术之一。

由于形态分析方法采用了图形化的方法，可以更直观地展示各种形态。只要能列举出所有现有科技成果所提供的技术资源，就可以将每一种可能的方案"随机化"。同时，这种方式的实施也有操作上的困难，尤其是如何从大量组合中提取可行的新产品解决方案。如果选错了，组合过程中的辛勤工作可能会付诸东流。

形态分析法的特点是把研究对象或研究问题分解成若干个基本部分，然后分别对这些基本部分提出各种方法或解决方案，最终形成对整个问题的一般解决方案。在运用形态分析法的过程中，要注意技术要素的分析和达到预期结果的技术手段的确定。

> **典型案例**
>
> **超声波洗衣机的创新方案**
>
> 普通洗衣机是通过涡轮或滚筒的反复旋转扰动水流，使衣物移动发生相互摩擦的方式来完成洗涤工作的。具体分为盛放污垢、控制衣物、分离洗涤三步。洗衣机各功能分解如表7-1所示。
>
> 表7-1　洗衣机各功能分解
>
> | 功能因素 | 功能分解（形态） | | | |
> |---|---|---|---|---|
> | 盛装衣物A | 铝桶A1 | 塑料桶A2 | 玻璃钢桶A3 | 陶瓷桶A4 |
> | 分离污垢B | 机械摩擦B1 | 热胀B2 | 电磁振荡B3 | 超声波B4 |
> | 控制洗涤C | 人工控制C1 | 机械定时C2 | 电脑控制C3 | |
>
> 在考虑将污垢从衣服上"分离"时，应从各个技术领域去深入思考，采用一切可能应用的技术措施，包括现有的和先进的，甚至暂时没有但有可能通过努力而实现的。超声波洗衣机是在洗衣机内部装超声波高频振荡器，应用超声波原理，产生高频振荡波，使水流及衣物间产生大量的微小气泡，利用气泡破裂时产生的气压冲击波，达到污垢与衣物彻底分离的目的。

根据表 7-1 进行组合，可得 4×4×3=48 种方法，其中 A1+B1+C1 是最原始洗衣机。A1+B1+C2 是普通型单缸洗衣机，A2+B2+C1 是一种热胀增压式洗衣机，通过热水加洗涤剂，用手摇的方式，达到分离污垢的目的。A1+B3+C2 是一种新型的，用电磁振荡除去污垢的洗衣机。A1+B4+C3 是一种应用超声波除去污垢的洗衣机。

（资料来源：https：//wenku.baidu.com/view/0f8a543f0912a216147929ea?_wkts_=1684057298701）

讨论：仔细阅读以上案例，讨论如何应用形态分析法？

（二）形态分析法操作步骤

1. 选择和确定创造对象

形态分析法适用的对象十分广泛，可以是有形的机器设备或其内部工作系统、部件，甚至剧本、乐曲等。

2. 分析要素

确定创造对象的主要组成部分，即组成要素，也就是独立变量。它的变化会直接影响对象的变化。

（1）组成要素要尽可能全面，关键因素不应被遗漏。

（2）组成要素在功能上或逻辑上应相互独立，即仅改变其中某一要素时，仍会产生一个具有可行性的独立方案。

（3）数量不宜太多，也不宜太少，一般以 3~7 个为宜。

3. 确定形态

列出每一要素所包括的所有可能的形态（方法、技术手段或工具）。这需要分析者认真仔细地工作，具有丰富的行业经验及较强的发散思维能力。

要尽可能列出每一要素在自然界或各行业中所具有的形态，列出的形态越多、范围越广越好。

4. 进行形态组合

按照创造对象的总体功能要求，对各要素的各种组成形态，进行排列组合，获得所有可能的方案。每种方案的组成为 P_1、P_2、P_3、…、P_n。组合数目 N=要素的形态数的乘积。

5. 评价筛选、组合方案

以新颖性、价值性、可行性三者为标准，对照产生的方案，制定评价标准，通过分析比较，选出少数较好的设想，然后通过把方案进一步具体化，选出最优方案。

> **思维火花**
>
> 某塑料厂饮料包装容器的创造方案
>
> 某塑料厂包装容器的组成要素如表 7-2 所示。

表 7-2　某塑料厂包装容器的组成要素

组成要素/状态	1	2	3	4
材料	纸	金属	玻璃	塑料
容量	125毫升	250毫升	500毫升	1 000毫升
形状	方形	圆柱	球形	圆锥形

创造对象：饮料包装容器。

要求：携带方便，外观透明，成本廉价等。

组成要素：材料，容量，形状，开启方式。

从表7-2可知：共有4×5×4=80种方案。

评价筛选、组合方案：考虑到携带便利、外观透明、成本低的要求，宜采用圆柱、500毫升装的塑料容器。如果再考虑开启方式等其他组成要素，其方案数目将达到几百种。

（三）注意事项

形态分析法在具体使用中需要注意以下几点：

（1）上述步骤不是必须遵循的，确定要素的数量后可直接列出形态表，并进行组合选择。

（2）在选取要素时要准确，无关紧要的可以不予考虑。为了提高工作效率，分析时最好有一个中心思想。

（3）对于复杂的技术课题可以运用系统方法划分层次，逐层逐项展开，不断深入，最后再进行整体组合。

（4）当要素和形态数目过多时，形态分析法往往会形成大量的问题方案，使人在选择时无从下手，影响应用效果。因此，当要素和形态数目过多时，不宜使用形态分析法。

二、主体附加法

（一）主体附加法概述

以一个物体为主体，通过添加新的配件或插入其他技术内容，或添加其他原材料来升级主体的方法，称为主体附加法。

在各种市场中，我们可以找到大量使用主体附加法制造的产品。例如，在铅笔上安装橡皮擦，在电风扇上安装香水盒，在摩托车后备厢上安装电子闪光灯，都很美观、方便、实用。当你发现某些东西有某种缺陷或瑕疵时，最好首先考虑添加一些东西来掩盖缺陷而不改变或稍微改变主题。铅笔上加了橡皮擦，给使用者带来方便；武器上加了瞄准镜，大大提高了命中率。附加物虽然只是一个配角，只是"锦上添花"，但往往可以让主体的价值翻倍。附加组件可以是商品、技术或原材料。

附加方式有两种：一种是主体可以附加一个或多个附件；另一个是加不同主题的附件。主体附加法是一种创意较弱的组合，稍微动脑加动手就能实现，但只要加法选择得当，同样可以带来巨大的收益。

主体附加法的目的：进一步发挥主题的功能。主体附加的创造性，取决于附加体的选择是否别开生面，以及主体与附加体之间的连接是否巧妙。一个主体可附加许多附加体，一种附加体也可附加在许多主体上。

> **典型案例**

带计数器的跳绳

一名中同学在跳绳运动的测验和比赛中，总觉得计数是一件麻烦的事情。于是，她利用录音机里的机械计数器作为计数装置，附加在跳绳的绳把上。在跳绳的带动下，计数器的联动装置会自动把跳绳次数记录下来。

带笔和纸的电话机

法国毕克公司是生产电话机的专业厂家，在激烈的市场竞争中，销路直线下滑。总经理毕克先生急中生智，想出了在电话机上增加一个能存放活页纸和圆珠笔的小型附加装置，让打电话的人随时可拿到笔和纸做记录。一个月后，公司的库存全部销售一空，并收到了大批订单。

瑞士军刀

瑞士军刀原为士兵随身携带的必备工具，它以功能齐全、质量上乘、造型别致等特点，被世界各国视为珍品。雅号为"瑞士冠军"的瑞士军刀是这个"家族"的典型产品，它以刀和柄为主体，附加开罐器、开瓶器、螺丝刀、剥线器、钻孔锥、剪刀、钩子、木锯、凿子、钳子、叉子、放大镜等20多种工具。这把相当于一个工具箱功效的军刀，其长度仅有9厘米、重185克，与我们常用的电工刀相差无几。

响铃的应用

响铃是一个非常简单的物品，附加在时钟上成了闹钟或报时钟，附加在自行车上可提醒行人注意，附加在保险柜上可判断操作程序的正确性，附加在家用电器的定时器上可提示人们已到了预定的时间，附加在警戒网上可帮助哨兵了解警戒网的动静，附加在舞蹈演员的服装上则出现"声情并茂"的效果。

风冷降温服

一爱心企业向当地公安局交警支队捐赠了4件风冷降温服。背心前后分别安装了4个小风扇，可以降温10摄氏度以上。风冷降温服专门为在高温环境下户外露天工作的交警、环卫、电力、铁路等人群使用，于2012年获得国家专利。

"宝贝回家"瓶装水

因刘德华主演的电影《失孤》给了团队灵感，某矿泉水公司推出"宝贝回家"瓶装水。公司与全国最大的失踪儿童网站"宝贝回家"取得联系，经过家长授权，取得失踪儿童信息后将不同失踪儿童照片和资料、亲人联系电话印在矿泉水瓶身上，希望通过矿泉水这种快消品的传播，让更多消费者在购物的同时，提高对失踪儿童的关注，让失踪儿童回家多一分希望。

（资料来源：https://zhidao.baidu.com/question/1674880601219596107.html）

讨论：请从上面案例中选取1个案例，分析怎样运用主体附加法技法进行创新。

（二）主体附加法操作步骤

首先，确定主体附加的目的，综合分析课题的不足，列举各种希望点，然后某些希望点可以确定为另一个目的。其次，根据添加目的确定添加量。添加的创造性很大程度上取决于添加的选择是否使主题产生新的特征和价值，从而增加其实用性。主体附加创新法的特点是以原有技术和产品为主体。添加只是一种补充，添加的目的有时是更好地发挥主体的技术功能。例如，最早的电风扇是单速的，不能摇头。后来，人们逐渐插入摇头装置、自动时间控制装置、多级调速器、红外线摇头控制器、灯泡、收音机等附加材料，使电风扇的品种和功能极为多样。

具体而言，在运用主体附加创新技法时，可参考以下几个步骤：

（1）有目的、有选择地确定主体；
（2）全面分析主体缺点或主体提出的新希望和功能；
（3）考虑在不改变主体的前提下，增加附属物，以克服、弥补主体的缺陷；
（4）考虑能否通过增加附属物，实现对主体寄托的希望；
（5）考虑能否在主体功能的基础上，附加一个别的东西，使其发挥更大的作用。

三、信息交合法

（一）信息交合法概述

信息交合法也可称为元素发明定律或信息反应场定律。信息交换规律是一种信息交换创新的思维技术，即将一个对象的整体信息分解为若干个要素，进而分解出这个对象在人类各种实践活动中的用途，并将这两类信息元素通过坐标的方式连接起来，形成信息标签的 x 轴和 y 轴。两条轴线垂直相交，形成"信息反应场"，来自每个轴上每个点的信息又可以与另一个轴上的信息相交以产生新信息。

> **典型案例**
>
> 地图餐盘和吉他船舶都是常人难以想象的组合，分别如图7-1、图7-2所示。
>
>
>
>
> 图7-1 地图餐盘　　　　　图7-2 吉他船舶
>
> （案例来源：https://wenku.baidu.com/aggs/f476523610661ed9ad51f35c.html?_wkts_=1684057129659）
>
> 讨论：以上地图餐盘的设计，还有哪些可以改进或注意的地方？

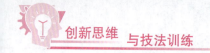

1. 公理

第一条公理：不同信息的交集可以产生新的信息。

第二个公理：不同连接的交集可以产生新的连接。

2. 原则

信息交换规律作为一种科学的、实用的思维和发明方式，不是任意的、随意的，须遵循一定的原则，包括：

（1）整体分解原则。首先，将对象及其关联条件作为一个整体进行分解，并得到有序的元素。

（2）交合原则。每个轴的每个元素依次与另一个轴的每个目标相交。

（3）结晶筛选原则。通过检查、修改解决方案、最终形成更好的解决方案。新产品开发筛选应注意新产品的实用性、经济性、制造难易程度和市场接受度。

（二）信息交合法操作步骤

信息交合法是一种运用信息概念和灵活的手法进行多渠道、多层次的推测、想象和创新的创造性技法。应用信息交合法进行创造发明，就是把某些看起来似乎是孤立、零散的信息，通过相似、接近、因果、对比等联想手段搭起微妙的桥，使之交合成一种新的概括信息。

运用信息交合法主要注意把握以下四步：

（1）信息交合的方法：画标线。就是要选好中心点。也就是说，你思考的问题是什么，你要解决的课题是哪个，你研究的信息为何物，要首先确定下来。然后画出标线，即用矢量标串起信息序列。根据"中心"的需要，确定画多少条坐标线。

（2）用矢量标串起信息序列：标注点。在信息标上注明有关的信息要素点。

（3）在信息标上注明有关的信息要素点：相交合。

（4）以一条标线上的信息为母本，另一标线上的信息为父本，相交合后便可产生新信息。

第六节 其他常用创新技法

▶▶▶一、六顶思考帽法 ▶▶▶

（一）六顶思考帽法概述

为避免团队成员各方无意义的争执，思维混乱，并从不同思考角度、侧面思考同一问题，既能够有效发挥团队成员作用，又能够高效提出解决方案，法国心理学家爱德华·德·博诺博士提出了以白、红、黑、黄、绿、蓝等六种不同颜色的思考帽水平思考问题的方法。

（1）白色思考帽。

白色思考帽代表客观的事实与信息。

戴上白色思考帽的人会列出已有信息、充分搜集数据、探索需要的信息。白色思考帽重视客观事实，中立客观、全面反映现实情况，提供准确实用的信息。

（2）红色思考帽。

红色思考帽代表直觉和感觉。

戴上红色思考帽的人会提供成员更多发泄情绪的机会，正确认识和调节个人的情感。

（3）黑色思考帽。

黑色思考帽代表负面因素，表示质疑和风险。

戴上黑色思考帽的人在理性逻辑基础上提出质疑和批判，找出问题、风险所在，同时提出新思路。

（4）黄色思考帽。

黄色思考帽代表正面因素，表示积极和乐观。

戴上黄色思考帽的人渴望成功，引导成员寻求利益和价值，看到美好未来。

（5）绿色思考帽。

绿色思考帽代表创意思考。

戴上绿色思考帽的人具有创新性，鼓励成员提出新的创意和想法，改变思维，激发灵感。

（6）蓝色思考帽。

蓝色思考帽代表主持和全局调控。

戴上蓝色思考帽的人担任主持人的角色，是组织者也是总结者，能够统领全局，安排思考的流程，并及时总结。

（二）六顶思考帽法的使用程序

一般情况下，六顶思考帽法的常规应用步骤如下：

(1) 由戴白色思考帽的人陈述问题；

(2) 由戴绿色思考帽的人提出解决问题的方案；

(3) 由戴黄色思考帽的人评估该方案的优点；

(4) 由戴黑色思考帽的人列举该方案的缺点；

(5) 由戴红色思考帽的人对该方案进行直觉判断；

(6) 由戴蓝色思考帽的人总结陈述，做出决策。

▶ 典型案例

办公室个人计算机速度慢的解决方法

蓝帽：目前办公用PC（个人计算机）存在年限长、速度慢的问题，本次会议讨论解决方案，先请白帽介绍情况。

白帽：

(1) 随着软件的增多，占用的资源多，部分设备将不能满足要求；

(2) 设备的更新要大于3年，且实际的情况只能更新三分之一。

蓝帽：大家出出主意，怎么办？

绿帽：

(1) 根据设备折旧，是否可以调整设备折旧的期限；

（2）是否可以采用笔记本代替 PC 机；
（3）采取策略，每半年重装软件；
（4）加装另一个硬盘；
（5）采用虚拟化；
（6）对人群进行分类、对发放策略进行调整；
（7）采用新软件节省内存。

黑帽：现在笔记本更换预算不能达到。

蓝帽：这是黑帽，请先用黄帽进行讨论这些方案的可行性。

黄帽：

（1）已进入新时代，笔记本是应该普及的设备，且更换设备端的配置将很好地满足需求；
（2）配置升级，保护投资；
（3）软硬件方面的调整、改善是最常用的方法，已在其他单位应用，效果不错。

蓝帽：现在讨论以上方法的局限性。

黑帽：

（1）更换设备资金不足、不能满足需求；财务制度变革时间长；
（2）目前使用统一软件，不是正版，在 PC 机上不能使用；
（3）软件重装耗费时间太长，人员达到数百。

蓝帽：那么从目前看，解决方案主要集中在配置升级和调整配置策略上，大家举手表决一下优先顺序。

红帽：

表决顺序如下：
（1）把少量更新换代机会给更需要计算速度的员工；
（2）大部分员工利用硬件升级（加内存、硬盘），延长使用寿命节约成本；
（3）定期重装系统和应用软件（如一年左右）；
（4）梯次更新。

蓝帽：本次会议经充分讨论，找出了确定可行、具有高可操作性的方法，顺利结束。谢谢大家。

这是成功利用六顶思考帽的方法进行工作问题探讨和改进的经典案例。在这个案例讨论中，主持人（蓝帽）发挥了积极的作用：首先在序列的选择上非常得当，使得会议简捷有效；其次，在会议中及时纠正不当的发言（如打断黑帽思考），保证了思维的步伐；最后，结论很有实用价值。同时，参与讨论的人员在几个重点问题上讨论非常充分，体现了六顶思考帽法的优越性，白帽的数据很详细，绿帽的想法很丰富，黄帽和黑帽讨论充分。值得借鉴。

（资料来源：https：//www.zhihu.com/question/20600046）

讨论：怎样应用六顶思考帽法思考办公室个人计算机速度慢的解决方案？

二、思维导图法

(一) 思维导图概述

思维导图,由英国"世界大脑先生"东尼·博赞发明,是将发散思维通过图文并茂的形式,将各级主题隶属关系,运用关键词、图像、颜色、线条等要素可视化呈现的大脑思维过程。

思维导图,英文是 The Mind Map,又名心智导图,是表达发散性思维的有效图形思维工具,是有效而且高效的思维模式,应用于记忆、学习、思考等的思维"地图",有利于人脑的扩散思维的展开。使用思维导读,可以帮助人们更直观地展示他们的思路、观点和想法。

思维导图通常采用树形结构的布局,中心节点是主题或问题,主题下面的分支是相关的子主题或答案。

思维导图主要应用在思考的输入和输出两大方向,输入就是吸收外界的信息到脑中,并且形成结构化信息的过程,常见的场景是在阅读中记各种笔记,会议记录、谈话速记等等;输出就是把大脑中的所有知识经验在生活及工作的思考场景中发挥最大的功效,一般是在制定工作计划、项目管理、时间管理、问题分析/解决/决策、报告构思、文章写作等场景下发生,更多是一种创造性的行为,不仅仅是信息的整理,而是通过对信息的整理发现信息之间的关系和新的信息。思维导图的输出和输入因人而异,背后代表的是我们的经验和知识。

(二) 思维导图的特点

思维导图广泛应用于演讲、会议、时间管理、广告文案策划、个人学习、教学、企业管理、家庭生活等各方面。该方法具有主题明确,重点突出,层次分明,花费的时间成本低,形式丰富,便于使用者产生联想,加深印象,容易掌握的特点。

思维导图具有如下特点:

(1) 呈现形式图形化:思维导图没有采用表格或者纯文字描述,而是将表达的信息使用图形、图像或图片进行呈现,可视化强,有助于记忆和理解。

(2) 结构的放射性:思维导图由中心向四周进行发散,形成层层分级的结构框架,这有助于触发想象和联想。

(3) 色彩的丰富性:绘制思维导图需要尽可能多地使用各种颜色,色彩的使用有助于记忆。

(4) 关键词的使用:在思维导图中,每个分支上的关键词都是该分支内容的概括或提炼。关键词的使用有助于快速理解信息的重要性和意义。

(5) 系统结构清晰:思维导图的所有分支都是从中心主题展开,层级分明,结构清晰,这种结构有助于理清思路。

(三) 思维导图的绘制步骤

思维导图的发明者,英国头脑基金总裁东尼·博赞先生给我们提供了绘制思维导图的 7 个步骤,具体如下:

(1) 从一张白纸的中心画图,周围留出足够的空白。这样做的好处是可以让思维更加自然、更自由、更发散。

（2）在白纸的中心用图形或图像说明中心要点。这样做的好处是便于记忆，有利于想象力的运用。

（3）尽可能多地使用各种颜色。这样做的好处是增强导图的趣味性、观赏性外，还有力创造性思维的产生。

（4）将中心图像与主要分支链接起来，然后把主要分支和二级分支连接起来，再把三级分支和二级分支连接起来，以此类推。这样做的好处是帮助思考者构建思维基本框架和结构，便于理解与记忆。

（5）思维导图的分支不要画成直线，要画成自然弯曲的曲线。这样做的好处是既美观，又便于记忆。

（6）在每条线上标注一个关键词。这样做的好处是言简意赅便于记忆和总结，同时有利于产生新的想法。

（7）自始至终使用图形或图像。这样做的好处是每一个图形表达的内容丰富，胜过千言万语。

本书第七章第二节设问型创新方法中讲的和田十二法，用思维导图可直观清晰地呈现，如图7-3所示。

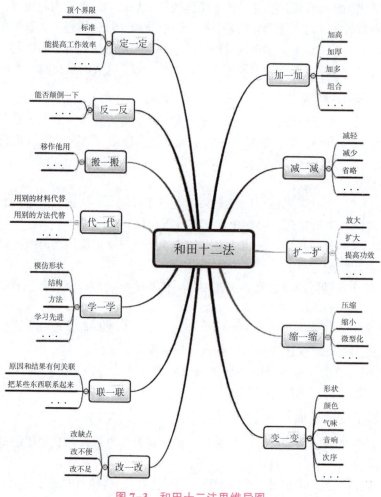

图7-3　和田十二法思维导图

思维训练

1. 利用奥斯本检核法对鞋盒提出改进设想。
2. 健身是我们经常做的事情,请运用5W1H法分析健身这件事情。
3. 应用属性列举法分析城市交通中的问题,并提出改进方案。
4. 应用属性列举法提出住房紧张问题的解决方案。
5. 用希望点列举法列举3种未来家电的新设想,写出该产品的名称,并说明这种新产品的功能和性能。

户外拓展

1. 沟通游戏——囊中之物。

参加人数:11~16个人一组。

活动时间:30分钟。

活动材料:有规律的一套玩具、眼罩。

适用对象:所有人员。

活动目的:体验解决问题的方法,要求学员们面对同一个问题进行思考,进而达成共识,大家相互支持与配合,共同解决问题。

活动规则:

第一步:培训师用袋子装着有规律的一套玩具和若干个眼罩,要求每位学员戴上眼罩。

第二步:培训师说明游戏规则:"我有一套物品,我抽出了一个,而后给你们一人一个,现在你们通过沟通猜出我拿走的物品的颜色和形状。全程每人只能问一个问题:'这是什么颜色?'我就会回答你,你手里拿着的物品什么颜色,但如果同时很多人问我就不会回答。每人全程只能摸自己的物品,而不得摸其他人的物品。"

第一轮游戏完成后,请开展以下讨论:

你的感觉如何,开始时你是不是认为这完全没有可能成功,后来又怎样呢?

你认为在解决这一问题的过程中,最大的障碍是什么?

你对执行过程中大家的沟通表现,评价如何?

你认为还有什么改善的方法?

2. 生产线。

参加人数:12~16人一组。

活动时间:30分钟内。

活动目的:培养团队精神,学习和睦与相互协调。

活动材料:水管(对半剖开)16支/每组,长短不一;大小、类型不同的球类10颗;桶一个(水桶或置物篮)。

活动规则:选定一段距离(约比人数两大步),将水桶放在尾端;小组成员必须利用

手中水管将所有的球运至尾端的水桶中,任务才算完成;运送的过程中水管不可碰到或重叠,组员与前后伙伴的手不可接触;球行进时只能前进不能后退或停滞,也不能掉落地面或水管之外,若违规,必须将球重新从起点运送;球如果弹出桶外,需再从头运送一次。

3. 团队游戏——孤岛求生。

参加人数:10人以上。

活动时间:30~40分钟

活动目的:明确合作的重要性,体会个人在团体的重要性。

活动材料报纸数张。

活动规则:导师先将全班分成几组,每组约十人;导师分别在不同的角落(依组数而定)地上铺一张全开的报纸,请各组成员进到报纸上,无论用任何方式都可以,就是不可以脚踏报纸之外。各组完成后,导师请各组将报纸对折后,再请各组成员进到报纸上。各组若有成员被挤出报纸外,则该组淘汰不得再参加下一回合;上述进行至淘汰到最后一组时结束(勿过长)。时间到,换下一位上场,至轮完为止(以上约30分钟)。分享与回馈,请各位成员围坐成一圈,讨论刚才的过程并分享心得。

脑力激荡

1. 利用头脑风暴法对"如何使核桃裂开而不破碎"提出设想,并完成表7-3。

表7-3 头脑风暴创意实践

讨论主题:	
主持人:	记录人:
参与者及其专业背景	
列出出彩的创意设想	
会议总结(解决方案)	
此次收集的创意总数:	较为不错的创意个数:
你对此次讨论会议的综合满意度: 不满意　　　　　尚可　　　　　满意　　　　　非常满意	
实践总结	

2. 仔细阅读以下资料,运用六顶思考帽法,分析"如何提高客户满意度"。

分析材料:随着市场竞争环境日趋激烈,面对各行业产品严重同质化的现象,许多企业在产品成本控制、质量提高、供货及时性等方面几乎已做到极致。越来越多的企业把"提高客户满意度"作为企业经营的宗旨和竞争的重点。"换个角度思考",立足客户需求,获得充分认同和满意,进而提升客户忠实度,为企业长期稳定发展奠定良好的市场基础。

案例背景:

某涂料系统是全球领先的液体与粉末涂料供应商,为整车生产商和汽车修补、交通运输、通用工业以及特定的建筑和装饰业客户提供所需产品。在一百多年的发展过程中,一直致力新产品新技术研发,寻求通过创新性产品和解决方案,支持相关产业的绿色革新和可持续发展。由于新办公室的成立给各职能部门间的相互合作带来了挑战,即使在业内已有丰富的成功经验也无法发挥出最大优势,执行力和反应速度不能满足市场需求,致使客户满意度不高。请运用六顶思考帽法确立解决问题的焦点和思考顺序,通过平行思考减少不满情绪,找到问题根源和解决方案,进而提升客户满意度。

3. 利用形态分析法分析看演唱会的新装备,完成表 7-4。

表 7-4 看演唱会的新装备

	服装	荧光棒	LOGO	望远镜	雨衣
服装					
荧光棒					
LOGO					
望远镜					
雨衣					

参考文献

[1] 李忠秋，孙涌，艾欣. 大学生创新思维（慕课版）[M]. 北京：人民邮电出版社，2019.
[2] 樊华. 创新思维与方法导论[M]. 南京：南京大学出版社，2019.
[3] 周苏，张丽娜，陈敏玲. 创新思维与TRIZ创新方法[M]. 2版. 北京：清华大学出版社，2018.
[4] 宫承波. 创新思维训练教程[M]. 2版. 北京：中国广播影视出版社，2016.
[5] 冯林. 大学生创新基础[M]. 北京：高等教育出版社. 2017.
[6] 陈绛平，童健. 产品创新创意方法[M]. 杭州：浙江大学出版社，2019.
[7] 樊华. 创新思维与方法导论[M]. 南京：南京大学出版社，2019.
[8] 宫承波. 创新思维训练教程[M]. 北京：中国广播影视出版社，2016.
[9] 根里奇·阿奇舒勒，创新算法：TRIZ、系统创新和技术创造力[M] 谭培波，茹海燕，Wenling Babbit，译. 武汉：华中科技大学出版社，2008.
[10] 檀润华. TRIZ及应用：技术创新过程与方法[M]. 北京：高等教育出版社，2010.
[11] 娄永海. 基于TRIZ理论的企业商业模式研究[D]. 长春：吉林大学，2009.
[12] 刘元根. 实用逻辑学——逻辑点亮智慧[M]. 北京：北京理工大学出版社，2012.
[13] 姚冠男，陈雅晴. 创造力理论研究综述[J]. 湖南工业职业技术学院学报. 2023，23（4）：21-27.
[14] 许冬梅，肖美艳，彭建平. 大学生创造性思维过程能力量表验证研究[J]. 高教探索. 2023（5）：123-128.
[15] 周豪. 基于创新思维理论的大学生创业智慧培养研究[D]. 南京：南京理工大学. 2023.
[16] 钟柏昌，龚佳欣. 基于TRIZ的跨学科创新能力评价：试题编制与证实[J]. 现代远程教育研究，2023，35（4）：75-82+112.
[17] 龚成勇，李仁年，何香如，等. 基于TRIZ创新理论的专创融合课程重构——以水电站课程为例[J]. 高等工程教育研究，2023（S1）：106-109.
[18] 朱思宇，江山，段雅婷，等. 基于TRIZ理论的基层医疗卫生机构实施分级诊疗的问题及对策分析[J]. 中国卫生产业，2020，17（35）：4.